eビジネス新書

No.4

経済

JN036165

半導体
復活の足音

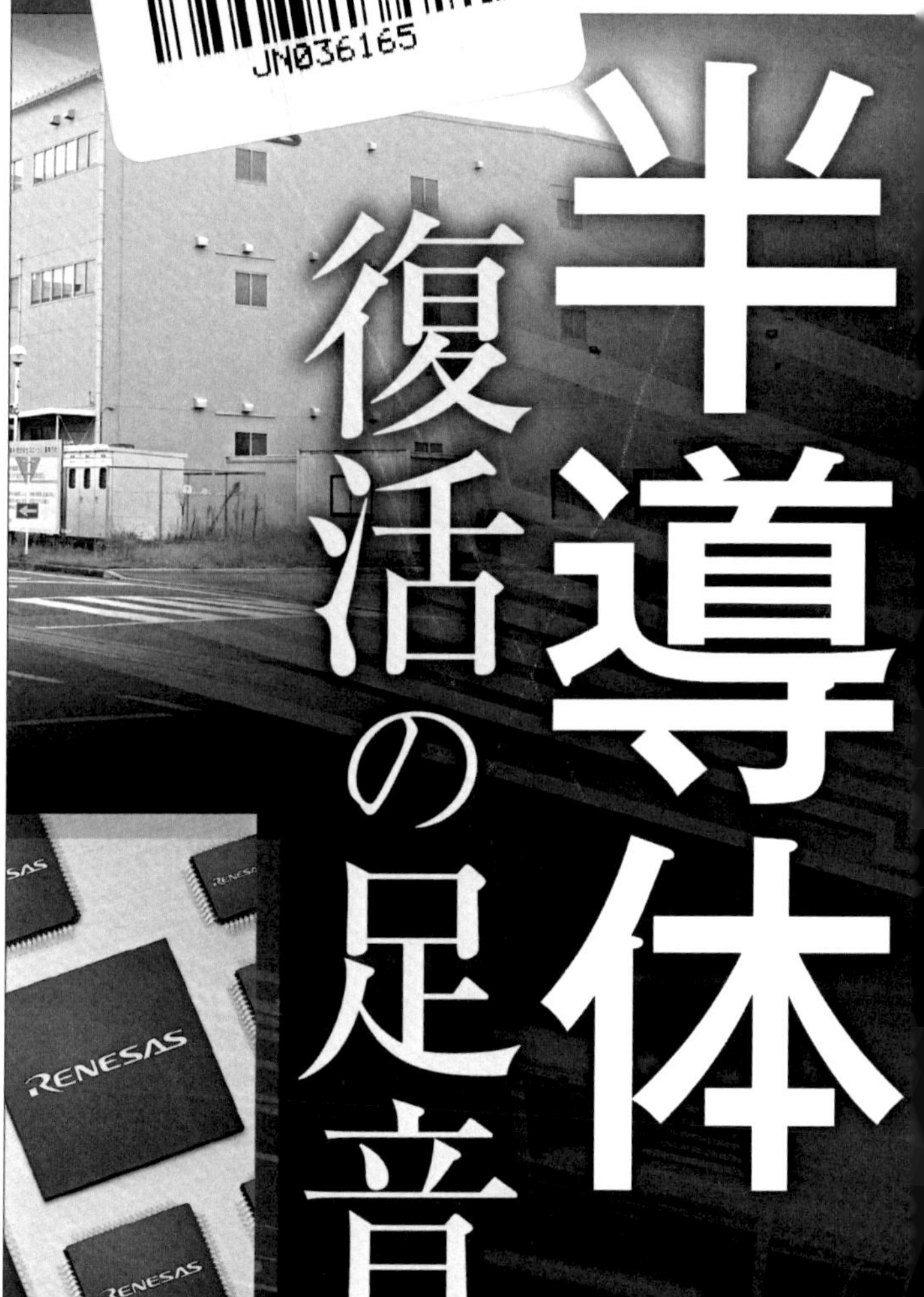

週刊東洋経済 eビジネス新書 No.445

半導体 復活の足音

本書は、東洋経済新報社刊『週刊東洋経済』2022年11月12日号より抜粋、加筆修正のうえ制作しています。情報は底本編集当時のものです。（標準読了時間 120分）

半導体　復活の足音　目次

始動する日本勢復活「10年の計」

「10年間でいつ何をするか、半導体戦略の工程表がもうできている」——。

自民党の半導体戦略推進議員連盟で会長を務める甘利明衆議院議員は、2022年10月本誌取材にそう明かした。半導体支援の国策は、水面下で具体的なロードマップが練られていた。

甘利氏の言う工程表は、経済産業省を中心に作られた。その内容は議連の幹部メンバーとのみ共有されており非公開だ。ただそのベースは、経産省が2021年3月に設けた「半導体・デジタル産業戦略検討会議」で「3ステップ」として示されている。そこで目指すのは、半導体生産能力の「挽回」、次世代半導体開発の「推進」、将来技術への「布石」だ。

10年間で10兆円投資

ステップ1は半導体の製造拠点を国内に確保する。世界最大手の半導体受託製造企業・TSMC（台湾積体電路製造）を政府主導で熊本に誘致したのはその一環だ。

ステップ2は、最先端のロジック（演算用）半導体を米国と開発する。「ビヨンド2ナノ」と呼ぶ次世代半導体技術の確立を狙う。ステップ3は、2030年代を見据え低消費電力かつ高速データ処理を可能にする半導体技術の実現や、量子コンピューターを社会インフラにすることなどを目標にする。

この経産省の青写真に呼応する形で、議連は22年5月に資金面について提言した。半導体の製造基盤強化のために「10年で官民合わせて10兆円規模の投資」を求めるとの決議をまとめたのだ。つまり工程表は、2030年代前半までの10年間で10兆円規模を半導体産業に投じる内容とみられる。

関係者によると、工程表はステップ2の次世代半導体に関して「この年にこれぐらいの技術を実現するところまで行きたいという『メド』を置いたもの」。その程度なら公にしてもよさそうだが、公表には否定的だ。「ここまでハードルの高い技術の獲得に大金をつぎ込むのか」と、予算を握る財務省に渋られることを恐れているというのだ。

なぜなら経産省と議連幹部が狙うのは、過去30年で凋落したニッポン半導体の失地回復にとどまらない。「ビヨンド2ナノ」の最先端半導体で新たな技術を獲得し、日本が再び世界のトップへと躍り出るという大胆な計画だからだ。

半導体は電子回路を細かく造る微細化が進むほどに性能が上がる。日本企業が持つ最も微細な半導体は40ナノメートル（ナノは10億分の1）だが、現在の最先端半導体の回路線幅は3ナノメートル。そして、さらに小さい「ビヨンド2ナノ」の開発競争で各国がしのぎを削っている。

そこでのキーワードが「GAA（ゲートオールアラウンド）」だ。2ナノメートルより先の微細化を進めるには、半導体チップの構造自体をGAA型に変える必要がある。いわば今は、ゲームチェンジのタイミング。経産省と議連幹部は、これを好機としてこのニッポン半導体の巻き返しを一気に図る算段だ。工程表では、米国とも連携してこの

ＧＡＡの技術を１０年以内に確立させるもよう。まさに日本勢復活のための「１０年の計」となる。

２２年１０月３日。岸田文雄首相は国会での所信表明演説で、「１０年間で１０兆円増が必要ともいわれる半導体の分野に官民の投資を集めていく」と発言。同２８日には、日米による次世代半導体の共同開発などに１・３兆円を投じると表明した。経産省と議連の描く工程表のとおり、国策は動き出した。

市況は冬到来

ひるがえって世界の半導体市況を見渡すと、「冬の到来」を迎えようとしている。半導体メモリー大手のキオクシア（旧東芝メモリ）は２２年１０月から当面、３割の生産調整をすると発表。同じくメモリー大手の米マイクロン・テクノロジーも9月末、稼働率の引き下げと設備投資の抑制を明言した。半導体にはいくつか種類があるが、中でもメモリーは需要が落ちると、差別化が難しいこともあって価格競争に陥りやすい。そのため真っ先に製品の供給を絞ることが多い。

株式市場は冬の訪れをいち早く察知していた。米国の株式市場に上場する半導体関連企業の時価総額は、2021年末をピークに約4割が吹き飛んだ。ただ、ピークに至るまでの20年央から21年末にかけての上がり幅も大きかった。

「20~21年にかけて、過去にない好況だった」。半導体関連の企業経営者はそう口をそろえる。空前の活況をもたらしたのは新型コロナ禍だ。全世界的なテレワークの普及や巣ごもり消費の拡大に伴い、パソコンやスマートフォンなど半導体を使う機器が売れまくった。同じく半導体を大量に用いるデータセンターの増設も相次いだ。

加えて各地の都市封鎖などによりサプライチェーンが寸断されたことで、企業は事業を継続できるように半導体の在庫を多く抱えた。次から次に半導体が消費されるだけでなく、手元に備蓄しようという動きが2年弱も続いたのだ。

今はそれらの動きが一巡したことで、半導体需要にブレーキがかかっている。野村証券の和田木哲哉アナリストは、「メモリー市況が悪化しているのに、ロジックだけいいわけがない。ロジックも調整が来る」とみる。実際、TSMCが22年の設備投資を当初計画から引き下げるなど、メモリー以外にも寒波は広がり始めている。

早くも「次の好況」に関心

半導体業界はこれまでも好不況の大きな波「シリコンサイクル」を繰り返してきた。半導体の製造工程は長く複雑で、受注してから納品までのリードタイムは、短いものでも4カ月、長いものだと1年近い。そのため、好況期に半導体メーカーが増産投資に踏み切っても、実際に設備が稼働して半導体を出荷する頃には、不況期を迎えることが多い。

結果として供給過剰を増幅する現象が起きやすい。過去には、2001年のITバブル崩壊や2009年のリーマンショックの際に底が割れるような急落を味わってきた。

今回の「谷」はいかほどか。深さについては、「2001年や09年ほど落ちない」(英調査会社・オムディアの杉山和弘コンサルティングディレクター)というのが大方の予想だ。半導体製造装置大手・ディスコの関家一馬社長も、「本当に市況が悪いときは(顧客側が)設備投資をいっさい禁止する。そこまでではない」と感触を述べる。

長さについては「23年後半に回復に転じる」とみる向きが多い。半導体出荷額が22年7月にピークをつけたのに対し、株式市場のピークアウトはそれより前の21年末。逆に考えると、この先株式市場が底を打ってから、半年〜9カ月ほどで半導体市場も上向きに転じると考えられる。

「顧客は皆、目先の市況の話はほとんどしない。長期的に進める増産計画と、それに必要な材料供給の話をする。昔とずいぶん違うと強く感じた」。半導体を造る基盤となるシリコンウェハー最大手の信越化学工業の斉藤恭彦社長は、そう話す。谷は一時的なものと捉え、半導体業界は早くも「次なる絶頂」に目を向けているのだ。

確かに長期視点に立つと、半導体の使われる需要先は広がるばかり。仮想空間メタバースの実現が進めば、画像処理やデータ保存に用いる半導体の需要は飛躍的に増える。さらに、より確実な未来として有望視されるのが、自動車に使われる半導体の急増だ。

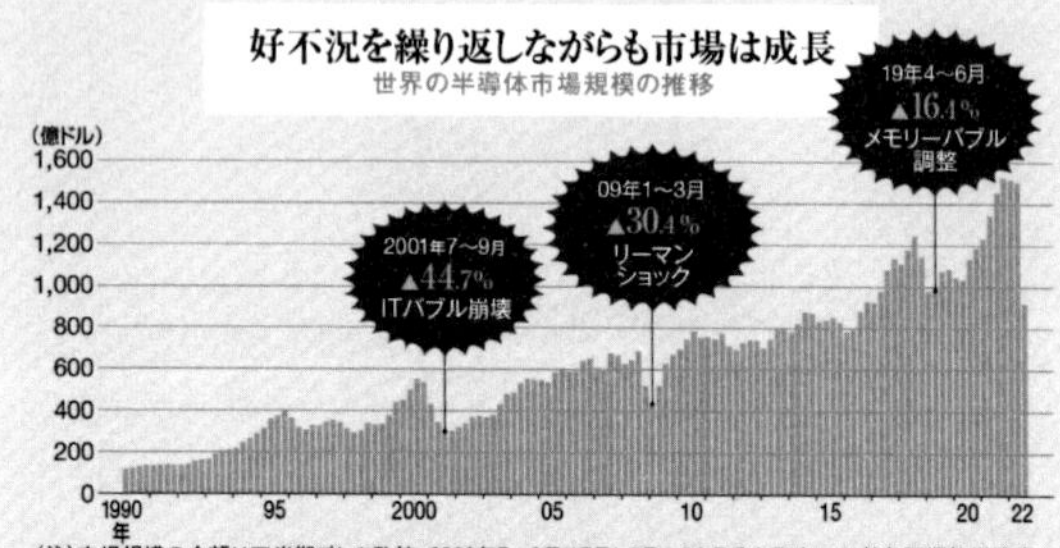

(注)市場規模の金額は四半期ごとの数値。2022年7～9月は7月と8月の2カ月分を反映。▲は前年同期比増減率マイナス　(出所)世界半導体市場統計(WSTS)の資料を基に東洋経済作成

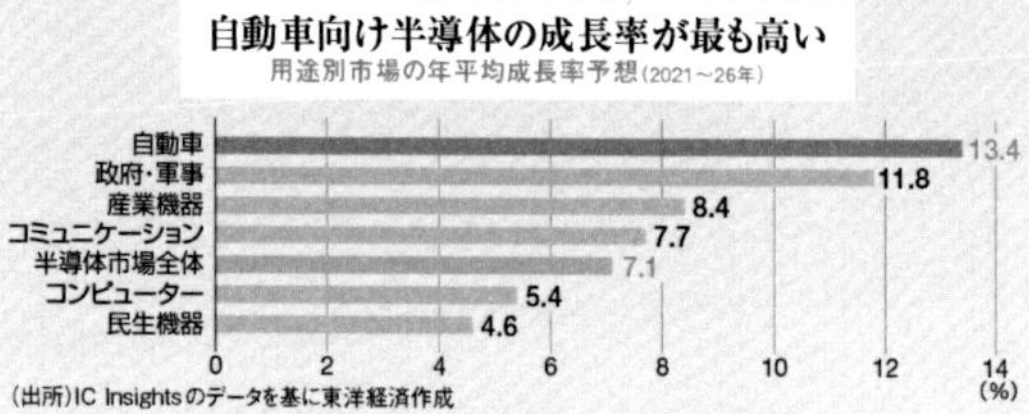

(出所)IC Insightsのデータを基に東洋経済作成

自動車の世界では、ＥＶ（電気自動車）化や自動運転が急速に進む。オムディアの調べによると、ガソリン車では１台に平均５５０ドルの半導体が使われるのに対し、ＥＶでは１６００ドルに増える。

とくにＥＶの航続距離を左右するパワー半導体は、今なお不足が続くほど需要が急拡大している。また自動運転には、高度なロジック半導体や低消費電力で動く次世代半導体が求められる。

半導体の戦略物資としての重要性も、地政学リスクの増加につれて高まっている。甘利氏は、「台湾海峡に有事が起きてＴＳＭＣが製品を出荷できなくなれば、世界の半導体供給の６割が止まる」と警鐘を鳴らす。

成長産業であり戦略物資でもある半導体。「次なる絶頂」への陣取り合戦は熱を帯びる。

（佐々木亮祐）

ＴＳＭＣ決算に見る市況動向

「２０２３年前半を通じて在庫は適正水準まで調整される」

１０月１３日、世界最大の半導体受託製造企業・ＴＳＭＣの決算説明会で魏哲家（ぎ・てつか）ＣＥＯ（最高経営責任者）はこう述べた。

魏ＣＥＯの発言は、世界中の注目の的。というのも、スマートフォンの脳に当たるＳｏＣ（システム・オン・チップ）というチップは、設計こそ米アップルや米クアルコムが手がけるものの、製造はＴＳＭＣを頼る。またＰＣの核となるＣＰＵ（中央演算処理装置）も、最先端品はＴＳＭＣが製造する。

つまり、主要な需要先がどう動いているかがわかり、今後の市況動向を占うことができるのだ。それでは四半期ごとに開催される決算説明会での発言を見ていこう。

ＴＳＭＣの株価が高値をつけた２０２２年1月の決算説明会では、「自動車、ＰＣ、サーバー、スマホなど多くの最終製品で需要が高まっている」と強気の見方をしていた。一方、在庫については「歴史的に見た水準と比べて高水準を維持している」と、在庫積み増しが進んだことも示唆した。

それが4月に入ると「高性能ＰＣや自動車関連の需要に支えられているが、スマホの季節的要因（による需要減）が一部相殺している」とトーンダウン。7月には、いよいよ「スマホやＰＣ、消費者向けの最終製品の勢いは軟化している」と明言。同時に在庫に関する考えを転換し、「２３年前半まで在庫調整がなされる可能性が高い」との見方を示したのだ。

さらに１０月１３日の決算では「データセンターや自動車関連は安定的」としながらも、「消費者向けの最終製品は弱さが続いている」とした。在庫についても冒頭で紹介したように、２３年前半まで調整されるとの見方を維持した。

魏ＣＥＯの発言を通じて、２３年前半が底である可能性が高いとみることができる。

設備投資見通しも注目

一方、TSMCの設備投資の見通しから製造装置メーカーの業績も予想できる。何しろ投資額が巨額に上るためだ。

2022年1月には、年間の設備投資額が前年比約4割増の400億～440億ドル（約6兆円）に上ると表明。発表翌日、TOPIX（東証株価指数）が大きく下げる中で、製造装置メーカーのSCREENホールディングス（HD）の株価は、0・3％の逆行高となったほどだ。

しかし、7月に「装置の長納期化によって、下限（400億ドル）に近くなりそうだ」と修正。10月にも360億ドルに再度下方修正したことで、SCREENホールディングスの株価はTOPIXより弱く推移した。

半導体の市況動向をつかむのは容易ではないが、魏CEOの発言をチェックすることで、ある程度予想を立てることができる。半導体関連のビジネスや投資をしている人は要注目だ。

（佐々木亮祐）

いまだ終わりが見えない半導体不足

「まだまだ半導体の価格は高いまま。余って値が下がる気配なんてまったくありませんよ」。そう口にするのは、某ベンチャー企業の幹部だ。表情は険しい。

このベンチャーが営むのはＩｏＴビジネス。Ｗｉ-Ｆｉに接続しスマートフォンから操作できる家電などが、ＩｏＴビジネスとしてイメージしやすい。ベンチャーは家電を通じて集めた利用動向などのデータを基にサービスを展開する。ネットにつながる「機器」を造ることからすべてが始まる。

２０２０年後半から顕在化した世界的な半導体不足は、このベンチャーを窮地に追い込んだ。ネットにつながる機器を造るには半導体の使用が必須なのに、発注すら受けてもらえなくなったからだ。２０２１年後半から22年の春ごろまでは、「運よく発注できても届かない。とにかく来ることを祈るしかなかった」(前出の幹部)という。

非常事態を乗り切るため、まず動いたのが調達部門だ。半導体を専門に扱う商社をあちこち回り、半導体の確保に奔走した。このベンチャーの部品在庫は通常数カ月分程度だったが、1年分を先行して発注。時には以前の数倍の価格になる値上げも受け入れながら、確保した。重要な半導体に関しては、「別の商社を使って二重で発注することもあった」(同)。

社内では、開発部門が設計変更を急ピッチで進めた。代替品に置き換えられないか、その代替品は調達できるのか。議論を日々繰り広げた。経営陣はこうした対応に要するコストを管理し、意思決定をしていく。文字どおり、全社総動員で対応に当たった。

結果、製品は何とか造れるようになった。しかし、コストは大幅に上昇した。そもそもベンチャー企業は、将来の成長に向けた先行費用が膨らむものだ。売り上げは10億円以上あっても、決算は大赤字。営業キャッシュフローも大幅に悪化し、億円単位のマイナスとなった。幹部は「半導体の調達環境が早く改善しないとキツいけれど、期待薄ですね」とつぶやく。

余剰と不足に二極化

このベンチャーのように、半導体不足の影響を今でも受けている企業は少なくない。トヨタ自動車が納車時に渡すスマートキーを2個から1個に減らすなど、不足を実感する機会もある。一方、半導体市況の調整が叫ばれ、半導体が余っているとの声がある。いったい、どちらが正しいのか。

その答えは、「どちらも正しい」だ。現在の状況を表したのが次図となる。半導体と一口にいっても、余っているものと足りないものに二極化している。

[レガシー品はまだまだ不足]
製品別の半導体供給状況

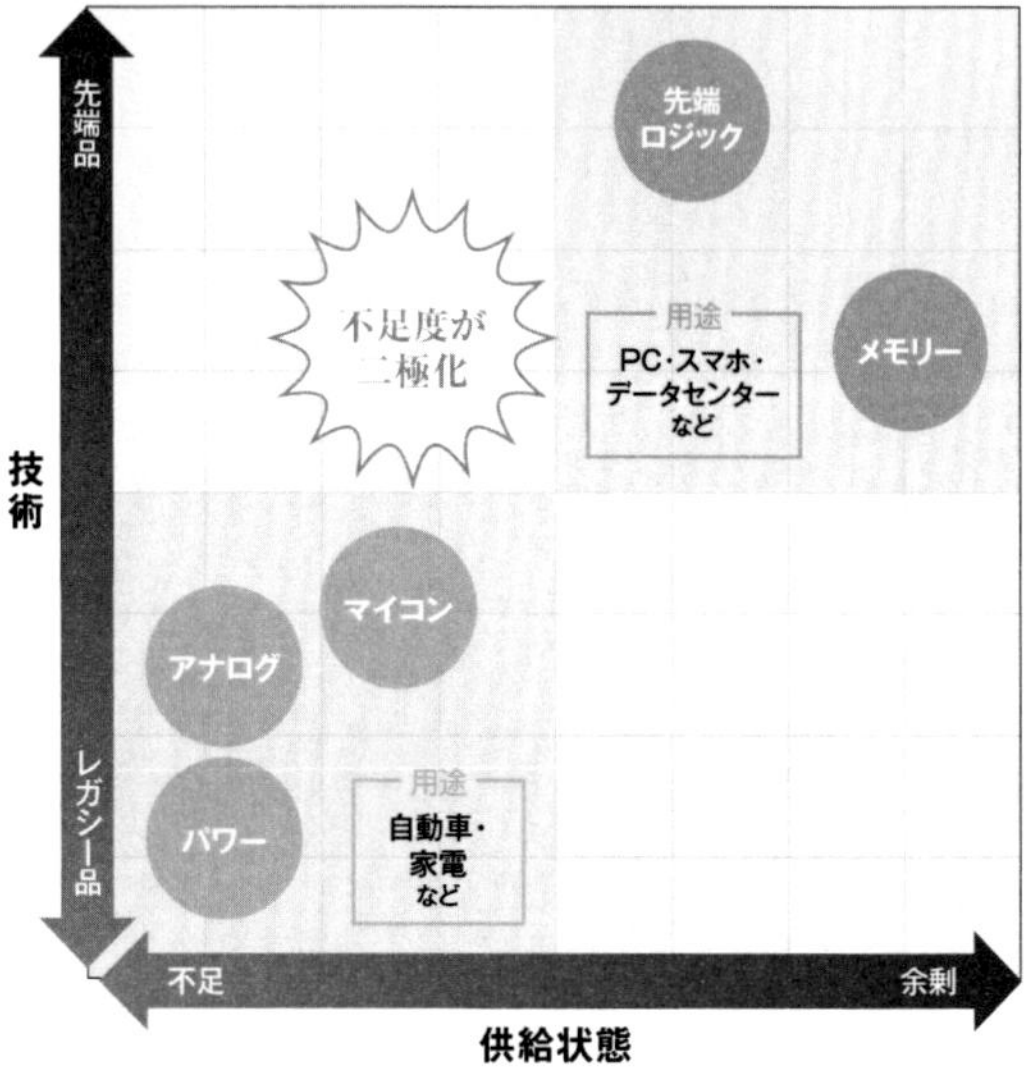

（出所）取材を基に本誌作成

余っているのは、パソコンやスマホに使われる先端品だ。こうした製品は利幅が厚く、半導体メーカーも多額の投資をして生産を増強してきた。ここ数年投資されてきた製造ラインが稼働していくにつれて、供給量は満たされていく。

それに対してパソコンやスマホの需要は落ちている。半導体不足の一因は、コロナ禍で爆発的に広まったリモートワークにより、パソコンなどの購入が増えたことにあったが、それも一巡した。むしろ今はインフレの影響で購入が落ち込んでいる。需給が大幅に緩めば価格は下がる。半導体市場で先端品の占める割合が高い分、その価格下落は大きな話題となる。

しかし自動車や家電などに用いられる半導体は、供給が追いついておらず不足が続く。これらの製品は、技術的には成熟した数世代前のもので、「レガシー品」と呼ばれる。次々に投資が行われる先端品とは異なり、生産増強の動きは多くない。先端品より利幅の薄いレガシー品は、既存の工場で償却済みの装置を動かして製造するほうが効率的だからだ。増産態勢を整えるにしても、旧世代用の製造装置をそろえるのが難しい。

生産された製品の分配もうまくいっていない。購買力の高い大企業が長期で契約を結び、生産ラインを囲い込んでいるからだ。大企業がこの動きを止めない限り、中小企業が入手困難な状態は続く。

一方で需要が落ちる気配はない。レガシー品を多く使う自動車は、半導体を含めた部品不足でそもそも生産が正常化していない。家電のＩｏＴ化やＥＶ（電気自動車）シフトの流れも加速している。それらの製品に用いられる半導体の数は、今後ますます増えていく。

先手を打つ企業

こうして全体像を見ると、半導体不足はしばらく続き、今後も起こりうることだとわかる。企業もその覚悟の下に先手を打ち始めた。エアコン世界大手のダイキン工業はその一社だ。

エアコンに用いるマイコンやパワー半導体の自社開発に踏み切り、2025年度以降、一部の商品から採用する。汎用品を供給してもらっているルネサスエレクトロニクスや三菱電機との関係は保ちつつ、半導体設計技術の自社獲得を目指す。数十億円を投じてまで行う考えだ。

「最大公約数的に造られる汎用品だとできなかった、省材料化や高機能化が実現できる」。ダイキンの田口泰貴インバータ技術グループリーダーは、狙いをそう説明する。半導体の性能はエアコンの省エネ性能を左右する。そのため以前から自社開発を検討していたが、「半導体不足が決断を後押しした」(同)。購買力が上の自動車メーカーとの間で、今後はパワー半導体の奪い合いになることも想定した動きだ。

半導体は「産業のコメ」との表現にとどまらず、まさに戦略物資と化した。そのことは新たな事業チャンスを副次的に生んでいる。日本通運を傘下に持つニッポン エクスプレス ホールディングスは、三重県四日市市に半導体専門の倉庫を建設。温湿度、静電気など、特殊な保管環境が求められる半導体向けの用途に対応した。

同社において半導体は、自動車や医薬品などと並ぶ重点5産業の1つ。「今後も広島、佐賀、アリゾナに設置する。南九州、東北、欧州、アジアへの設置も検討している」（グローバル事業本部の千葉浩人営業戦略部長）という。

この2年の半導体不足が明らかにしたのは、半導体の確保の成否が企業の命運をも左右するという事実だ。調達戦略なくして事業の継続は難しい。

（藤原宏成）

暴利をむさぼる2次流通業者

「100倍なんて当たり前。中には1000倍の価格で売りさばくような〝やつら〟もいますよ」(ある半導体商社の幹部)

この幹部が語る「やつら」とは、悪質な2次流通業者のこと。通常、半導体は商社を通して販売されるが、半導体不足の中で、商社を通さない2次流通業者が大量に現れて暴利をむさぼっているというのだ。

［2次流通経由の調達にはリスクも］
半導体の調達ルートのイメージ

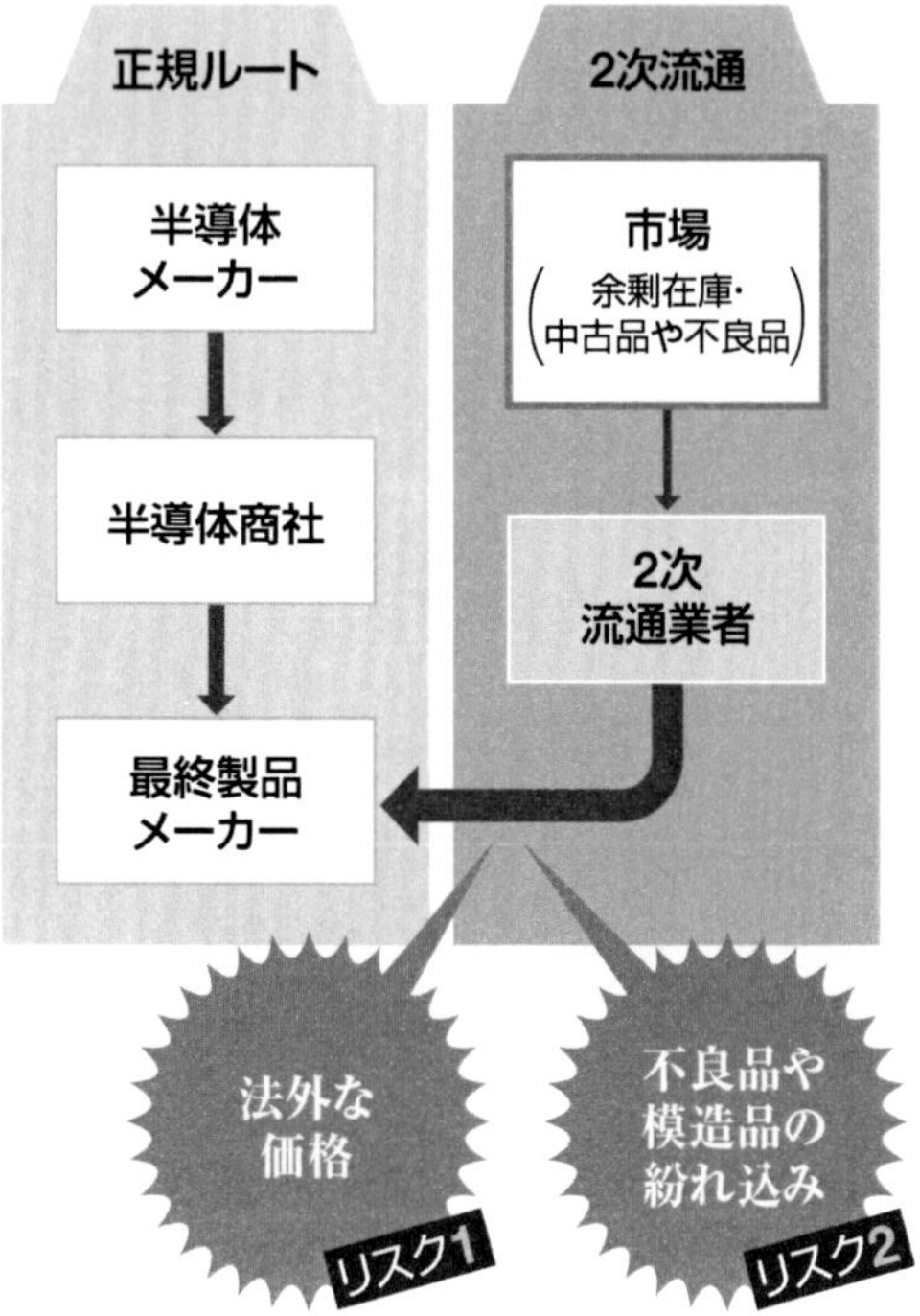

（出所）取材を基に東洋経済作成

前図のように2次流通業者は、どこからか半導体を調達し、ネット通販などを通じて市場で販売している。

こうした業者は中国に多いが、「本来、半導体に記載されているはずのロット番号が消されている」（別の半導体商社幹部）ことから、いつどこで誰の手に渡ったものかわからない。

そのため半導体業界関係者の間では、「正規の代理店が余った在庫を横流ししているのではないか」「テストではじかれた不良品がどこからか流れているのだろう」といったさまざまな臆測が飛び交っている。

2次流通品は正規のルートより高い価格で取引されることが多い。にもかかわらず、不良品も数多く含まれている。半導体の保管には温度や湿度、静電気など繊細な管理が求められるが、保管状態がいいものなどほとんどないからだ。

それどころか、偽物だったというケースも後を絶たない。半導体の表面に記載されたブランドロゴと品番を消し、その上から最新製品のものを印刷して巧みに偽装。中には、チップの中身が空っぽというケースまであるという。

そうしたリスクがあっても、企業が2次流通品を購入してしまうのには理由がある。半導体不足に対応するため、企業は代替品への切り替えを進めているが、「半導体を切り替えた後、製品がきちんと動作するかの試験に数カ月間かかることもザラ」（ある製造業の幹部）。それならば、「いつになったら手に入るのかわからない半導体を待つより、たとえコストがかかりリスクがあったとしても、2次流通品を使ったほうがマシ」（同）というわけだ。

検査に棚ぼたニーズ

こうした状況の中、棚からぼた餅のように、思わぬビジネスチャンスを得た企業がある。沖電気工業の子会社、OKIエンジニアリングは2021年6月から半導体の真贋判定や信頼性試験などのサービスを本格化させた。

OKIエンジニアリング信頼性ソリューション事業部の高森圭部長は、「以前から半導体の試験は手がけていたが、月に1件あるかないか。それが20年の秋ごろから急激に増え始めた」と語る。

その後も需要は右肩上がり。22年度は9月までの間に問い合わせが約320件、実際の試験依頼が約200件に上ったという。顧客は家電や医療機器のメーカーからベンチャー企業に至るまで実に幅広い。仕方なく2次流通品を使っている企業がどれだけ多いかがわかるだろう。

実際の試験では、電子顕微鏡やX線で外観や内部構造をチェックしたり、電気が正常に流れるかを検査したりしている。外見は同じようでも、内部の配線のつなぎ方などを見れば、偽物か否かは一目瞭然。22年度に検査した半導体の実に約3割が〝クロ〟だったという。

冒頭で紹介した半導体商社の幹部は、「2次流通業者たちは半導体の供給が逼迫すると必ず現れる」と警鐘を鳴らす。半導体不足は、今後もまた起こりうる。そうした際、手っ取り早いからといって安易に2次流通品に手を出せば、偽物や不良品をつかまされる可能性も高い。注意が必要だ。


（藤原宏成）

回路設計者は今後必ず不足する

半導体業界の人材獲得競争が熾烈さを増している。

２０２２年７月、半導体製造装置大手のディスコが、大幅なベースアップ（ベア）を実施した。正社員や契約社員の毎月の基本給を一律２万円引き上げたのだ。これほどの大幅アップは約７年ぶりとなる。

ディスコの関家一馬社長は、「ベアをきっかけに学生がディスコのことを調べてくれたら。ＩＴ業界を中心に給与競争が始まっていて、初任給を上げなければならないと感じた」と語る。

背景にあるのは、企業向け製品を扱う企業ならではの知名度の低さ。トヨタ自動車やソニーといった一般消費者向け製品を扱うメーカーは大半の学生に知られている。

しかし、そうではない企業は「何かで目立たないと学生にはリーチできない」（関家社長）という危機感があった。

実は、半導体関連企業の門戸は広い。「理系学生のほぼ全員が半導体業界の技術職の採用候補になる」（ある半導体メーカー関係者）。だが、工場のクリーンルームで巨大な機械に囲まれ、頭まで覆われた防護服姿で働き、化粧もできない、といったイメージが学生の足を遠のかせてきた。

そんなイメージの払拭に半導体業界も必死だ。毎年10月、幕張メッセで開催されるエレクトロニクスの展示会、CEATEC（シーテック）。半導体や電子部品に関する企業が技術を披露し売り込む商談の場だが、就職活動中の学生も企業研究のために足を運ぶ。

2022年のCEATECで、大きな会場の真ん中に設置されていたのが、『半導体産業人生ゲーム』。「クルマの自動運転において目の役割を果たすイメージセンサーを開発。10万ドルもらう」といったマスが並ぶ。何とかして学生への周知を図りたい、業界の必死さが伝わってくる。

近年はそんな半導体業界に追い風が吹いている。家電や自動車の多くが半導体不足で品薄になり、半導体の重要性の認知が学生を含む一般消費者にまで広まった。

さらに、半導体関連企業では給与の引き上げも相次いでいる。ウェハー搬送装置のローツェは直近10年で平均年収が2・2倍になった。こうした報道も重なり、半導体関連企業へ応募する新卒学生は増えている。

だが、知名度の高い自動車大手や家電メーカーと較べると学生の関心は低い。同業や電子部品メーカーとの採用競争も激化する中、ディスコは大幅ベアに踏み切った。同様の待遇改善は、ほかの企業でも喫緊の課題となるだろう。

半導体関連各社は中途採用も増やしている。先行き不安のあるメーカーからの転職組が近年増えた。EV（電気自動車）シフトで需要が先細る自動車エンジン関連企業、ペーパーレス化の逆風を受ける複合機メーカーなどだ。言うなれば過去に獲得できなかった新卒学生の分を中途で埋めている。

工場では教育の余裕なし

不足が懸念されているのはメーカーの正社員だけではない。製造業を主要顧客とする人材派遣会社ＵＴエイムの筑井信行社長によると「半導体業界ではすでに、派遣労働者の取り合いが発生している」という。

シリコンサイクルによって業務量が増減するという特性上、半導体業界は派遣労働者や請負労働者、期間工などに依存する部分が大きい。だが、半導体関連の大型設備投資が続々と決まっている直近は、シリコンサイクルと関係なく派遣労働者の人手不足感が強い。

ＵＴエイムはそうした顧客の要請に応えるため、今後は新入社員全員に対し、半導体関連企業向けの研修を実施する計画だ。派遣先の工場から「人材教育をしている余裕がない。派遣する前に装置の取り扱いなどを教えておいてほしい」という要望があったという。

このように、急ピッチで設備投資が進む半導体業界では、あらゆる業務で人手不足が懸念される。他方、構造的な要因で、以前から人手不足が深刻だった領域もある。それは半導体の回路設計だ。

東京工業大学の若林整教授は「半導体の微細化が進むと、回路設計業務が増える。ここに、半導体分野で人手不足が生じる根本的な構造がある」と指摘する。

微細化が進むということは、より多くの回路を半導体チップに描き込めるということ。最先端の半導体を設計し続けると想定した場合、「半導体の集積率は18カ月で2倍になる」というムーアの法則に照らし合わせると、回路設計業務が18カ月で2倍になる。設計業務の効率化を進めても、ある程度の人員増は不可避だ。

微細化が進む分、製造する半導体の面積を小さくすれば業務量に変わりはない。が、製品の性能を上げようとすると回路を増やすことになり、回路設計業務は増える。

半導体デバイスを造る際、複数の異なる機能を持った半導体を組み合わせたり、半導体とそれ以外の素材を重ね合わせたりすることがある。このような場合、回路設計業務の増大はとくに顕著になる。

　例えば、カメラに使用されるイメージセンサーは、光を捉える画素と呼ばれる部品と、画素が捉えた光をデータに変換処理するロジック半導体を貼り合わせている。高精彩な画像を撮るためには、画素の部品を小さくすることはできない。が、ロジックは、微細化が進むにつれてどんどん小さくできる。

　そうなると、画素の部分と重ね合わせるロジックの部分に空きスペースが生じる。そこに新たに回路を描いて機能を追加し消費者ニーズに応えようとするのが多くのメーカーの発想。実際、微細化が進むロジックと、大きさが変化しにくい部品とを重ね合わせる際に生じる回路設計業務では、すでに人手不足が顕在化している。

　さらに、3次元実装が一般化すると、大きさが異なる半導体を重ね合わせる事例が増えてくる。すると、空いたスペースを何らかの機能で埋めようと、新たな回路設計業務が生じてくるはず。回路設計者の不足は今後ますます加速しそうだ。

　半導体の集積が進み、1つのチップに詰め込める機能が増えると、技術者に求められるスキルも変わってくる。

ものづくりの半導体化

例えばテレビ。以前は大量の電子部品をつなぎ合わせて造っていた。そのためテレビ技術者には「部品をどうつなぎ合わせるか」のスキルが重要だった。

しかし、今のテレビはたくさんの処理ができる高性能のチップを数個つなぐだけで造れる。技術者に求められるスキルは「テレビ用の半導体を設計すること」に変化している。

1つのチップで多くの処理をするほうが、エネルギー効率も上がり望ましい。半導体に詳しい東京大学の黒田忠広教授は、「これからは専用チップの時代。『グリーン』な製品でないと成長できない」と指摘する。

同様のことはテレビ以外の製品にも当てはまる。そのため電機メーカーでは、かつての製品技術者に半導体設計技術を身に付けさせる再教育が課題となっている。

ものづくりの半導体化が進むにつれて、回路設計の重要性は一段と高まる。それに従事する人を十分に増やすことができるのか。人材の育成と獲得の競争は、ますます熾烈さを増す。

（吉野月華）

給与引き上げで従業員にアピール

100万円以上の年収増はざら

東京エレクトロン16・6億円、フェローテックホールディングス9億円、ディスコ2・9億円――。これらの額は2021年度における各社社長の年間報酬だ。高額報酬の背景にあるのは好調な業績。その恩恵は従業員にも届いている。

1位のローツェは年収が2.2倍に

10年間で従業員年収が100万円以上増えた半導体関連企業

順位	社名	平均年間給与（万円）	10年前比の増加額（万円）
1	ローツェ	1,122	615
2	レーザーテック	1,448	532
3	ディスコ	1,140	436
4	東京エレクトロン	1,285	391
5	フジミインコーポレーテッド	897	242
6	フェローテックホールディングス	881	233
7	新報国マテリアル	764	225
8	タツモ	635	213
9	アドバンテスト	1,019	198
10	山一電機	756	195
11	東京応化工業	859	183
〃	インターアクション	671	183
13	HOYA	798	177
14	協栄産業	659	161
15	トーメンデバイス	851	156
16	三井ハイテック	633	150
17	東京エレクトロン デバイス	872	149
〃	ルネサスエレクトロニクス	882	149
19	テクノクオーツ	580	146
20	ダイトーケミックス	735	145
21	メガチップス	904	144
22	アバールデータ	747	141
〃	新光電気工業	761	141
24	東洋合成工業	662	132
25	SUMCO	655	131
26	日本マイクロニクス	585	123
27	丸文	678	120
28	ミライアル	569	111
29	平田機工	713	110
30	扶桑化学工業	678	109
31	新光商事	711	104
32	ソノコム	526	102
33	テセック	651	100

（注）「会社四季報」調べによる各社平均年間給与を直近年度と10期前で比較。業種分類や株式投資テーマに「半導体」や「微細化」などの半導体関連用語が含まれる企業を抽出した
（出所）「会社四季報」のデータを基に東洋経済作成

先の表は、直近10年間で従業員の平均年間給与が100万円以上伸びた半導体関連企業だ。『会社四季報』のデータを基に増加額の大きい順にランキングした。従業員の平均年齢は各社40歳前後だ。

1位になったのはウェハーの搬送装置を展開するローツェ。広島県福山市に本社を構えるが、台湾TSMCなどグローバル企業が主要取引先だ。21年度の営業利益は158億円と10年前の33倍に。歩を合わせて従業員の年収は2・2倍となった。

2位のレーザーテックは、マスク検査装置を展開。3位のディスコは半導体の研削・研磨装置メーカーだ。この2社の従業員給与は10年前比で1・6倍になった。4位の東京エレクトロンは半導体製造装置大手。5位のフジミインコーポレーテッドは半導体製造時の研磨剤に強い。

「賞与ランキングに載ったことなどを受けて知名度が上昇した」と話すのは、ディスコの関家一馬社長だ。新卒採用において、トヨタ自動車やソニーグループから内定を得るような学生でも、「2勝3敗くらい」(関家社長)でディスコに来てくれるという。

業績連動部分が多い

半導体関連企業は、年収に占める業績連動分の割合が高い。事業の成長に合わせて給与を上げることで、従業員の意欲を維持・向上させている。ディスコの場合、21年度の年収の約6割を賞与が占めた。

一方で半導体は好不況の波が激しいため、固定給の部分を上げる代わりに好況時の賞与で報いている側面もある。「固定給を上げて業績が苦しいときにリストラすると、頭脳流出を招き会社が弱くなる」と関家社長は語る。

ランキング外にも高年収企業はある。洗浄装置を手がけるSCREENホールディングスはその一社だ。21年度の平均給与は822万円。10年前と比べて89万円減っているが、部門ごとに業績連動賞与を導入しており、半導体部門では業界トップレベルの企業と遜色ない額だという。

半導体関連事業は中長期的な拡大基調が続く。今後に向けた人材確保の成否という点でも、各社の給与動向から目が離せない。

（遠山綾乃）

今さら聞けない半導体って何だ?

都内のとあるアパレル店。商品を買い物かごに入れて会計に向かうと、大型のセルフレジが何台も並んでいる。「全ての商品・カゴをおいてください」。そう書かれたスペースにかごを置くと、一瞬で購入商品の一覧と合計金額が画面に表示され、会計を済ませることができた。

このハイテクレジの秘密は、商品につけられた「ＲＦＩＤ（アールエフアイディ）タグ」にある。タグを光にかざしてみると、複雑な形状をした銀色の模様が透けて見える。電波を受信するアンテナだ。そしてそのアンテナの中心にはごま粒よりも小さな黒いチップがついている。これがＲＦＩＤタグの核といえる半導体だ。

内蔵されている半導体チップのサイズは０・５ミリメートル四方ほど。メモリーの機能を持ち、商品の情報が記録されている。レジから出された電波をアンテナが受信すると、電気が流れ、商品の情報を読み取れるという仕組みだ。この技術は、交通系のＩＣカードなどでも用いられている。

ＲＦＩＤタグからもわかるように、半導体は意外と身近な存在だ。普段はまったく意識しないものの、われわれの生活は半導体にあふれ、半導体に支えられている。

そもそも半導体とは

それを感じることができたのが、昨今の半導体不足だろう。パソコンやスマートフォンだけでなく、家電から信号機に至るまで幅広い製品が影響を受け、品薄になった。車や給湯器など、いまだ納期が長期化している製品も少なくない。

半導体とは、電気を通す「導体」と、電気を通さない「絶縁体」の中間の性質を持つ物質を指す。電気を通したり、通さなかったりすることで電流を制御することができる。この性質を「０」と「１」に当てはめることで、計算をすることも可能だ。

こうした半導体を用いた電子部品のことを「半導体デバイス」という。その種類は多岐にわたり、機能もさまざまだ。種類別の機能を理解するには、人体をイメージするとわかりやすい。たとえば、

【脳（記憶）】メモリー短期記憶：DRAM長期記憶：NAND
【脳（制御）】ロジック半導体
【目】イメージセンサー
【筋肉】パワー半導体
【触覚など】アナログ半導体

などがある。

最も重要な脳に当たるのが「ロジック半導体」と「半導体メモリー」だ。ロジックは物事を考えたり、制御したりするために用いられる。パソコンの「CPU」（中央演算処理装置）はその代表例だ。3Dの画像を処理する際に使う「GPU」（画像処理装置）など特定の処理に特化したものもある。

それに対し、脳の記憶する機能を担うのが、メモリーだ。その中でも一時的な記憶

を行う「DRAM（ディーラム）」、長期的な記憶を行う「NAND（ナンド）型フラッシュメモリー」（以下、NAND）がある。

DRAMは電源を切るとそこに記憶した内容が失われてしまう。そのため、ロジックが処理をする際の一時的な記憶に用いられる。一方、NANDは電源が切れても記憶の内容を保持でき、画像などのデータを保存するために使われる。USBメモリーやSDカードに搭載されているのもこのNANDだ。

半導体が実現するのは脳の機能にとどまらない。人の五感も再現できるのだ。センサーを使って光、音、温度、振動などの電気信号を取り込み、アナログ半導体でデジタル信号に変換する。人体に例えるならば、光を取り込むイメージセンサーが目、アナログ半導体が視覚や触覚というイメージだ。

パワー半導体は電力を供給、制御し、モーターなどを効率よく動かす際に用いられる。モーターなどの機械を手足とすれば、パワー半導体は筋肉に当たる。

ではこれらの製品はいったいどこに使われているのか。生活の周辺にあるものだけ見ても、幅広い製品に半導体が使われている。代表的な用途を次図で示そう。

便利な生活を裏で支える存在だ

家の中を見ても、あちこちに半導体の搭載された製品がある

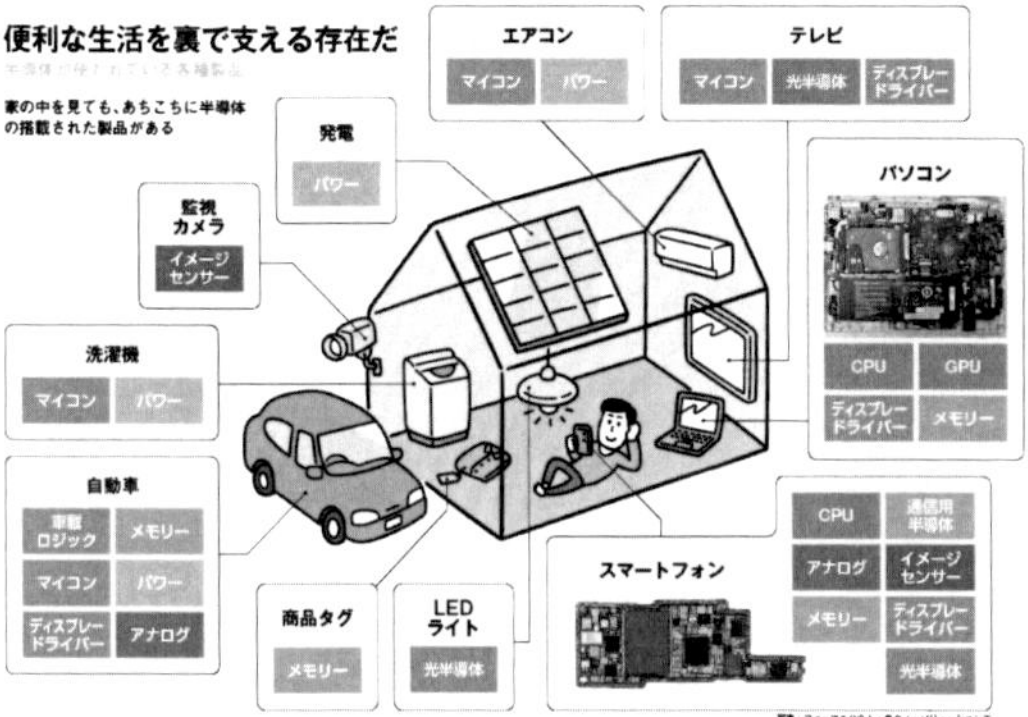

写真 フォーマルハウト・テクノ・ソリューションズ

実際には、1つの製品に図より多くの半導体が搭載されていることもある。

この中で最も意外さが少ないのはパソコンだろう。搭載されている半導体の数が多く、CPUやメモリーはもちろんのこと、ディスプレーを動かすために専用の半導体も使われている。実際にパソコンの内部を見ると、基板の上に黒く四角いチップがいくつも載っていることがわかる。この1つひとつが半導体だ。

スマホもパソコンと同じく半導体の固まりだ。スマホ内部の大半は電池であるため、基板はかなり小さい。しかし、その板の部分がほとんど見えないほどに、ぎっしりと半導体や電子部品が敷き詰められている。

今後は自動車も半導体の固まりになる。EV（電気自動車）化によって、電気で制御される部分が増えるからだ。さらに自動運転になれば、スマホなどよりも高精度かつ高速な処理が求められるため、半導体の搭載数はますます増えることになる。

家電に搭載されているのは、省エネを実現するためのパワー半導体などが中心。家電などの機器がインターネットに常時つながるIoT化が進めば、通信をしたり、計算をしたりといった機能が必要になる。それを実現するための半導体が搭載されていくのは想像にかたくない。今後はますます身の回りに半導体が増えていくはずだ。

分業が進むメーカー

かつて日本の企業は半導体の製造で世界を席巻していた。1980年代の終盤には高いシェアを誇っていた。ところが、その後は韓国や台湾などアジア諸国の企業がシェアを拡大。現在は、米国、韓国、台湾の企業が市場をリードする。

世界の主要な半導体メーカーを、製造するデバイスごとに並べたのが次図だ。

半導体の種類で異なる日本勢の存在感

機能別の半導体とそのメーカー

ロジック
インテル
AMD
エヌビディア
クアルコム
ブロードコム
メディアテック
車載半導体・マイコン
インフィニオン テクノロジーズ
ルネサス エレクトロニクス
NXPセミコンダクターズ
テキサス・インスツルメンツ
STマイクロエレクトロニクス
パワー半導体
インフィニオン テクノロジーズ
オン・セミコンダクター
三菱電機
東芝
富士電機
ローム
アナログ半導体
テキサス・インスツルメンツ
アナログ・デバイセズ
スカイワークス
インフィニオン テクノロジーズ
STマイクロエレクトロニクス
メモリー
サムスン電子
キオクシア
SKハイニックス
マイクロンテクノロジー
YMTC
イメージセンサー
ソニーグループ
オムニビジョン・テクノロジーズ
ファウンドリー
TSMC
UMC
グローバルファウンドリーズ
SMIC
顧客の設計に基づいて製造のみを請け負う。
半導体業界では、最先端品も含め分業が進んでいる

日本勢が残っているのは、パワー半導体や車載半導体が中心。半導体業界では「レガシー品」と呼ばれる、比較的古い技術で造られる分野となる。ロジックやメモリーなど最先端の技術が用いられる分野で競争力を持っているのは、キオクシアのみだ。

一方、米国はロジック、韓国はメモリーが得意分野となっている。これらは高付加価値であるため、半導体市場における売上高でも、次のような米国や韓国の企業の名前が目立つ。（出所・ガートナー：売上高は億ドル）

1位：サムスン電子　（731・9億ドル）
2位：インテル　（725・3億ドル）
3位：SKハイニックス　（363・5億ドル）
4位：マイクロンテクノロジー　（286・2億ドル）
5位：クアルコム　（270・9億ドル）
6位：ブロードコム　（187・9億ドル）
7位：メディアテック　（176・1億ドル）

8位：テキサス・インスツルメンツ（172・7億ドル）
9位：エヌビディア（168・1億ドル）
10位：AMD（162・9億ドル）

とくに、韓国サムスン電子と米インテルは圧倒的で、3位の韓国SKハイニックスの2倍の売り上げだ。今後もしばらくはこの2社による激しい首位争いが繰り広げられることになるだろう。

さらに半導体業界で特徴的なのは、水平分業が進んでいることだ。製造には莫大な投資が必要であることから、設計に特化して製造工場を持たない企業や、逆に製造に特化した「ファウンドリー」、さらには組み立てや試験を専門とする「OSAT（オーサット：Outsourced Semiconductor Assembly and Test）などが生まれた。ファブレスは製造にかかる投資コストを削減でき、ファウンドリーは複数社の製品を生産することで製造コストを下げられる。

その中で、ファウンドリービジネスを得意としているのが台湾だ。強みは圧倒的な技術力。現在最先端の半導体は5〜7ナノメートル（ナノは10億分の1）で製造されているが、ファウンドリー最大手のTSMCは3ナノメートルでの量産準備を始めている。

ここでしか造れない製品が数多くあるために、世界中の半導体メーカーが彼らを頼る。それはインテルのようなトップメーカーも例外ではない。

この分業はコロナ禍で起こった半導体不足の一因でもあった。ファウンドリーが生産能力を、巣ごもり需要が爆発したスマホやパソコン用途に振り向けたことで、車載向けなどの生産が一時的に減ってしまったのだ。

この半導体不足は製造が1カ所に集中することのリスクを明らかにしたともいえる。そこに米中摩擦やウクライナ問題が重なったことで、各国は一気に半導体製造の国内回帰に動いている。今後の動き次第では半導体業界の序列もまだまだ変わってきそうだ。

（藤原宏成）

超入門！ 半導体用語解説

【微細化】

半導体のチップに描き込まれる回路の線幅を狭くすること。チップ面積当たりの性能が向上する。１９６５年に米インテルの創業者の一人であるゴードン・ムーア氏が、「半導体の集積率は１８カ月で2倍になる」という「ムーアの法則」を提唱。この法則に基づくように微細化は進んできたが、近年はその限界もささやかれている。

【ナノメートル（ｎｍ）】

半導体における回路の線幅の単位。微細化の技術レベルを示す指標として用いられる。１ナノメートルは１０億分の１メートルで、人の髪の毛の１０万分の１程度の太さ。現在、最先端の製品は5～7ナノメートル。現在の焦点は2ナノメートル以下のものの製造で、日本も国を挙げて目指す。

【シリコンサイクル】

半導体業界に特有の構造的な景気循環。設備投資や在庫管理の調整が難しいことから、約4年周期で好況と不況を繰り返すとされる。近年は半導体メーカーの寡占化が進んだことで、サイクルの波は消えたとの声も。継続的に成長していくという「スーパーサイクル」論もある。

【ウェハー】

半導体の材料となる円形の薄い板。99・9999999%という高純度のシリコンで造られる。この上に材料を塗布したり、光を当てたりすることで回路パターンを形成する。ウェハーの直径が大きいほど生産できるチップの数が増える。近年はSiC（炭化ケイ素）やGaN（窒化ガリウム）など、化合物材料を用いたものも登場している。

【前工程】

数百にも及ぶといわれる半導体の製造工程の中で、シリコンウェハー上に回路を形成し、1つひとつのチップに問題がないかを検査するまでの工程を指す。回路の形成はフィルム写真の現像に似た原理で行われる。回路のパターンを設計し、それを基にした原版を用意。ウェハーに特殊な薬品を塗り、原版のパターンを転写していく。

【後工程】

ウェハー上にでき上がったチップを1つひとつ切り出して、製品の状態にする工程。無数の足のような端子をチップに付けたり、樹脂やセラミックでできたパッケージに封入したりする。前工程と後工程は別々の工場で行われている。

【歩留まり】

製造したチップ数に対する良品数の割合。これが高いほど、不良品が少なく製造原価が下がる。そのため微細化のレベルだけでなく、歩留まりの高さも重要視される。

歩留まりの向上には、材料の品質、装置の精度、クリーンルームの清浄度など、製造工程すべての細かな調整が必要になる。

【EUVリソグラフィ】

極端紫外線（Extreme Ultraviolet）を用いた露光技術。半導体の回路を描く際に用いられる。2018年に実用化され、7ナノメートル以下のものの製造に用いられている。EUV露光に用いる装置は蘭ASMLが独占しているが、露光以外の装置や材料の需要も多く、日本勢にも追い風になっている。

【3次元化】

微細化の限界が近づいていることから、回路を縦に積むことで性能向上を目指すのが近年のトレンド。NANDメモリーではすでに「3D NAND」の製造が進んでおり、ほかのデバイスも3次元化に動いている。同じ機能を縦に積むだけでなく、ロジックとメモリーなど違う機能の半導体を重ねるケースも出てきている。

「時価総額6倍」ルネサスの野心

「2030年までに時価総額を現在の6倍に引き上げたい」。

国内半導体大手・ルネサスエレクトロニクスは2022年9月29日、投資家向けに中長期施策の説明会を開いた。柴田英利社長が発表したのが「2030アスピレーション（野心の意）」という目標。時価総額6倍はその1つだ。

ルネサスの時価総額は足元で約2・4兆円。それが14兆～15兆円になると、NTTやソニーグループなどに並び、国内ではトヨタ自動車に次ぐ2番手グループに入る。アスピレーションの意味のとおり意欲的な数字だ。

ルネサスは自動車を制御するマイコンで世界首位級のメーカー。近年は産業機器やIoT機器向けにも力を入れる。14年3月期までは事業モデルの変革の遅れや東日本大震災の被害などから、9期連続の最終赤字と、もがき苦しんでいた。官民ファンドのINCJ（旧産業革新機構）が最大時で69・2％のルネサス株を持つなど、救済を受けた時期もある。かつての姿から一変したのはなぜか。

「米国流」を移植

「最近のルネサスは外資系企業のようだ」。ルネサス製品を仕入れて販売する代理店だけでなく、ルネサス社員までもが異口同音にそう形容する。本社に勤める社員の一人は、「英語が話せないと肩身が狭い」とこぼす。このような変化は、次々に行った米国や英国の同業の買収によって起きた。

ルネサスは2017年に米インターシル、19年に米IDT、21年に英ダイアログ・セミコンダクターと、直近5年で3度の買収をしてきた。製品群に不足していたアナログ半導体を拡充し、需要先を多様化するのが最大の目的だ。当時の為替レートで換算しても、買収額は合計で約1・6兆円と巨額に上る。

17年のインターシル買収後もルネサスの業績は低迷したため、19年のIDT買収時には厳しい批判にさらされた。メディアはこぞって「買収によるシナジー（相乗効果）が見えない」、「華々しい買収の裏で、既存事業への投資がおろそか」などと報じた。

しかし19年12月期に59億円の最終赤字だった業績は、22年12月期に約2700億円の過去最高純利益を見込む。売上高もわずか3年で倍増し、約1兆5000億円で着地する見込みだ。転換点となったのは、明らかにIDT買収だ。

収益力が劇的に改善している
ルネサスの売上高と最終損益の推移

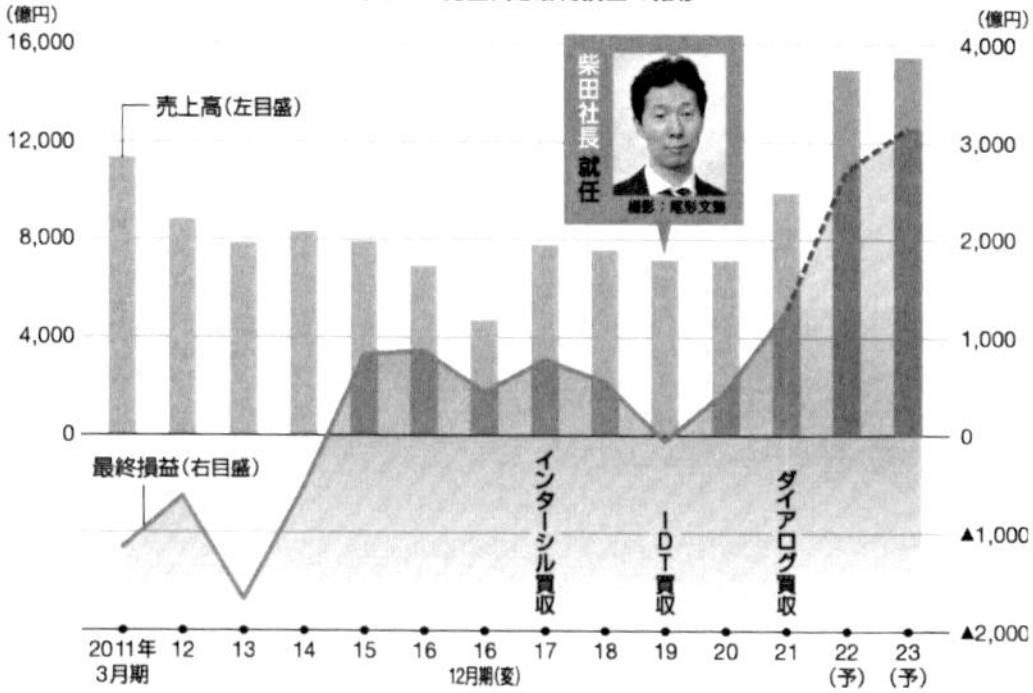

(注)2016年12月期は9カ月変則決算。19年12月期からIFRS移行、それより前は日本会計基準。23年12月期は東洋経済の独自予想。▲はマイナス　(出所)ルネサスエレクトロニクスの決算資料を基に東洋経済作成

2010年に日立製作所、三菱電機、NECのロジック半導体部門が合流して現在の形になったルネサス。家電メーカーの一部門に源流があるため、自社の電化製品に必要な半導体を要求された仕様のとおりに製造する、「受託製造」の意識から抜け切れていなかった。

ところが、付加価値を高めるには、さまざまなIoT機器、クラウドサービスの事業者に対し、「自社の半導体をカスタマイズすれば、こんな性能が出せる」と提案することが重要になる。

IDTにはそのノウハウがあった。「シリコンバレー」として有名な米サンノゼに本社を置き、顧客企業と密にコミュニケーションを取りながら、ニーズを先取りした半導体の開発をしてきた。

旧産業革新機構の出身で、米国へのMBA（経営学修士）留学経験もある柴田社長は、IDT出身のサイレシュ・チッティペディ氏をIoT・インフラ事業本部のトップに起用した。同事業本部は自動車向け以外の半導体を手がける。小口顧客も多く、比較的頻繁に新モデルの製品が出され、採算が高い。そこにシリコンバレー流の製品開発アプローチを内部から浸透させていった。

半導体産業を30年以上見てきた技術ジャーナリストの津田建二氏が、製品開発で変化を感じた出来事がある。「アイルランドのメドトロニック社が2020年4月に人工呼吸器の設計仕様を公開した。そのわずか1週間後に、ルネサスが基板を開発して発表した」。

コロナ禍で生じた人工呼吸器の不足を受け、メドトロニックが設計仕様をオープンソース化。そこへルネサスは機敏に対応し、商機をつかんだ。世の中のニーズをいち早く捉え、自社の半導体を基板に組み込んで提案する流れができている。

IDT買収の効果はほかにもある。日本独特の商慣習である代理店の改革だ。海外の半導体メーカーは顧客に直接販売することも多いが、日本では半導体に特化した商社が存在し、顧客に対する営業や技術サポートを担っている。ルネサスはその発足の経緯から、旧日立系、旧三菱電機系など多数の代理店を持っていた。

柴田社長は、IDTのクリス・アレクサンダー氏をIoT・インフラ事業本部の幹部に据え、商流再編を託した。米国人でしがらみの少ないアレクサンダー氏は、代理店同士を競わせ、より営業力の高い商社を大胆に絞り込み、商流を効率化した。

「売り手優位」を生かす

この2年ほど続いた半導体製品の需給逼迫は、売り手側の半導体メーカーの立場を強くする追い風になった。工場の稼働率を保つため受注していた不採算の製品を減らし、より利益の取れる製品に集中。原材料などの高騰を受けた価格転嫁も、素早く行うようになった。ただ、こういった変貌ぶりは取引先に戸惑いも生んでいる。

「昔のルネサスは、つねにお伺いを立てて顧客や代理店との落としどころを探ってくれた。しかし今は、『いつから何%値上げします。顧客と交渉して利幅を決めてください』と一方的な『通告』をしてくる」（ある代理店幹部）

もっとも、海外メーカーであればこれは一般的なやり方。ルネサスは米国流の生産戦略、価格政策を取り込んだにすぎない。

変革は、事業面だけにとどまらない。買収には「エンジニアを中心に人材の国際化を進め、多様な観点から研究開発を行いたい」との思惑もあった。言われた仕様に沿って半導体を提供する受託屋から脱却し、顧客のサービスにイノベーションを起こす提案をしていくには、画一的な組織よりも、多様な才能がより求められる。そうした意識が柴田社長の根底にある。

買収を進めた結果、研究開発部門に占める日本人社員の比率は下がった。2019年末に57％だったのが21年末には44％まで低下。米国人が19％、欧州人が15％などとグローバル化が進む。

2022年9月、21年に買収したダイアログからジュリー・ポープ氏がCHRO（最高人材責任者）に起用された。人事面でも欧米流を取り入れることの表れだ。ポープ氏は「最先端のテクノロジーに触れる機会をエンジニアに与えることが大事だ」と語り、今後、国境をまたいだ異動を活発化させるとの方針を示す。柴田社長も「欧米の多国籍企業では当たり前のこと。グローバルに自由に異動できるようにしたい」との考えだ。

「会社が『あなたの仕事はこれ』と与えるのではなく、エンジニア自身が意欲を持った仕事に取り組めるようにしたい」（ポープ氏）。「言われたものをつくる」姿勢からの脱却を、社員個人のレベルでも追求する。

目指すのは「テック企業」

冒頭の9月末に開いた中長期施策の説明会。「これまで短期的な結果を追ってきた。これからは長期目線で腰を据えて、いろんな施策を打っていきたい」。柴田社長はそう宣言した。巨額買収への批判を払拭するために結果にコミットするフェーズは終わった、との認識だ。そのうえで示したのが、就任以来初めてとなる長期目標の「2030アスピレーション」だった。

柴田社長が掲げた野心的な数字は、時価総額6倍のほかに2つある。同業に当たる「組み込み半導体サプライヤー」で世界トップ3に入ることと、売上高2000億ドルだ。

3つの「野心」を掲げる
ルネサスの「2030 ASPIRATION」

世界トップ3

組み込み半導体サプライヤーの世界シェア上位は現在、**テキサス・インスツルメンツ**、**インフィニオン テクノロジーズ**、**STマイクロエレクトロニクス**、**NXPセミコンダクターズ**の順。ルネサスは5位

売上高200億ドル

2021年12月期は91.23億ドル（9944億円）。30年までに2倍強の売り上げ成長を掲げる

時価総額6倍

現在は約2.4兆円。柴田社長は「キャッシュフロー（利益）を2倍、バリュエーション（評価）を3倍に」することで14兆〜15兆円を目指す

(注)2021年12月期の為替レートは1ドル=109円
(出所)ルネサスエレクトロニクスの決算資料、取材を基に東洋経済作成

売上高200億ドルを達成すれば、直近年間売り上げが100億ドル台前半のSTマイクロ（スイス）とNXPセミコンダクターズ（オランダ）の競合2社を上回り、現在の世界5位からトップ3入りを狙える位置に立つ。

売り上げ目標に届くには年平均で10％程度の成長率が必要になる計算だ。半導体市場全体の年平均成長率7％を上回っていく必要がある。自動車向けとIoT・インフラ向け製品の相互販売「クロスBU（ビジネスユニット）」を推進して売り上げ拡大を図る。仕掛かり品在庫を積み増し、需要急増や災害リスクへの備えも厚くする。

やはり難所は時価総額6倍だ。柴田社長は「目標はチャレンジングだ」と社内では漏らしている。それもそのはず、キャッシュフロー（利益）を2倍、バリュエーション（評価）を3倍にし、掛け算で6倍を目指すからだ。株式市場の「期待」を3倍に引き上げなくてはならない。

バリュエーション指標の1つであるPER（株価収益率）を見ると、ルネサスは現在8倍台。25倍程度を目指す計算になるが、これは現在の米アマゾン・ドット・コムや米アップルと同水準だ。

「ハードウェア売り切りのビジネス、評価のされ方から、クラウドにひもづいたテクノロジー企業として評価されること」（柴田社長）への移行を志向する。今後は、クラウドなどソフトで「何を実現したいか」から逆算したハードの設計が、より求められる。アップルがソフトを念頭にｉＰｈｏｎｅを設計するように、「ソフト起点」の半導体供給を推進する。

半導体不足という外部環境の追い風も生かしながら、短期間に急成長を遂げたルネサス。ある代理店幹部は「半導体不足をいいことに、顧客に無茶な長期オーダーを入れさせていた。需要の先食いにならないといいが」と、懸念も口にする。来る調整局面でこそ、生まれ変わったルネサスが本物かどうかが問われる。

（佐々木亮祐）

キオクシアは勝てるのか

投資総額1兆円――。半導体市場が調整局面に入る中、積極投資を続けているのが半導体メモリー大手のキオクシアだ。

キオクシアが手がけるメモリーは調整の影響を最も顕著に受ける分野。半導体市場の調査会社トレンドフォースによると、キオクシアが主力とするNAND型フラッシュメモリーの価格は、2022年7～9月期に13～18％も下落した。これを受けキオクシアも約3割の生産調整を余儀なくされている。期間は「当面」で、終わりも見えない。

しかしキオクシアは、投資の手を緩めない。22年10月26日には四日市工場（三重県）で第7製造棟の竣工式を行った。投資総額は約1兆円。経済産業省から最大

929億円の助成金も受けており、先端品を中心に製造する。すでに装置の搬入も始まっており、22年中には本格稼働する予定。これにより四日市工場の生産能力は3割高まる見通しだ。

キオクシアは北上工場（岩手県）の第2棟も建設中。時期は未定だが、四日市工場第7製造棟の第2期工事も計画している。

「半導体業界では、ダウンターンがあれば必ずアップターンが来る。来るべき将来に備えて今から投資しておかなければならない」と、キオクシアの早坂伸夫社長は語る。

メモリーにはデータセンターという大きな〝需要家〟がいる。AI（人工知能）の活用や企業のDX（デジタルトランスフォーメーション）でデータ量が増える限り、早坂社長が語るように需要は戻ってくるだろう。問題は、その中でキオクシアが勝ち残れるかだ。

キオクシアが世界シェア2位を誇るNANDでは、回路を縦に積み上げる「3次元NAND」が実用化されており、各社はこの層数を競い合っている。キオクシアが新棟で生産する製品は162層だ。

これに対し世界首位の韓国サムスン電子は、236層の量産を22年内に開始しようとしている。韓国SKハイニックスはそれを上回る238層の開発に成功、2023年には量産に入る計画だ。米マイクロン・テクノロジーも232層の量産を発表しており、キオクシアの出遅れ感は否めない。

製品群も少ない。競合たちがDRAMも手がけているのに対し、キオクシアはNAND一本足だ。DRAMと組み合わせた製品を提案しようにも「DRAMは他社製のため、価格をコントロールできない」（調査会社オムディアの杉山和弘氏）可能性がある。

強気の姿勢を崩さない

背後からは中国のYMTC（長江メモリ）が着々と距離を詰めてきている。2022年2月にキオクシアが工場での不純物混入を発表したことをきっかけに、米アップルがiPhone向けサプライヤーとしてYMTCを検討した。米中摩擦で立ち消えになったとされているものの、少しのミスが命取りになりかねない状況だ。

こうした厳しい環境でも早坂社長は、「国からの支援も受けた。競争力をつけて世界で伍していける日本の半導体メーカーになる」と意気込む。

技術面については「ひたすら層数を増やすことは目指していない。価格やスピードなど顧客の要求に合わせる」（同）方針だ。

早坂社長は強気の姿勢を崩さないが、こうした戦略が吉と出るか否か。日本勢で唯一、先端分野で戦い続けているキオクシアにかかる期待は決して小さくない。

（藤原宏成）

パワー半導体で勃発する覇権争い

欧米勢の巨額の投資に対抗するためには、合従連衡も必要ではないか――。半導体業界の関係者たちは、パワー半導体についてそう口をそろえる。

産業機械や自動車、家電などに幅広く使われるパワー半導体は、日本の半導体産業に残された最後の牙城だ。世界シェアトップ10には日本企業が5社ランクインしており、日本勢だけで20％以上のシェアを握る。

トップ10のうち5社が日本勢

パワー半導体の世界シェア(2021年)

	▼売上高順位	▼社名	▼シェア
独	1	インフィニオン テクノロジーズ	20.9%
米	2	オン・セミコンダクター	8.8%
スイス	3	STマイクロエレクトロニクス	7.4%
●	4	三菱電機	6.3%
●	5	富士電機	5.0%
●	6	東芝	4.3%
米	〃	ビシェイ・インターテクノロジー	4.3%
蘭	8	ネクスペリア	2.9%
●	9	ルネサスエレクトロニクス	2.8%
●	10	ローム	2.7%

(出所)Omdia

ほかの半導体と異なり、顧客や最終製品ごとのカスタマイズが必要であるため、細かなすり合わせに対応できる日本勢の強みが発揮されてきた。このすり合わせがうまくいかなければ最終製品は作動しない。日本勢トップの三菱電機のように、半導体専業ではなく家電なども製造するメーカーが多い点もポイントだ。同社の半導体・デバイス第一事業部の花田昌信副事業部長は、「求められる品質や性能を把握して開発ができるのは強み」だと話す。

だが日本勢は個社になるとシェアが10%に満たない。世界トップに君臨するドイツのインフィニオン テクノロジーズは1社で20%超。その背中はかなり遠い。インフィニオンに対抗していくには、日本勢が一丸となる必要があると指摘されているわけだ。

不可欠となる大口径化

欧米勢の巨額投資に対抗するには、日本も相応の投資をしていかなければならない。

そんな中、パワー半導体の領域は現在、2つの大きな投資テーマを抱えている。ウェハーの大口径化とSiC（炭化ケイ素）だ。

電力を制御するパワー半導体には脱炭素時代の到来により、かつてない需要の波が押し寄せている。EV（電気自動車）、再生可能エネルギーなど活用場面はどんどん広がる。これを取り込むためには、大口径化が不可欠だ。

ウェハーが大口径化すると、1枚当たりのチップ製造量が大きく増加する。これまでの200ミリメートルウェハーから300ミリメートルウェハーになれば、表面積は2・25倍になる。一方で、製造コストはそこまで増えない。そのため、生産能力だけでなくコスト競争力でも優位に立てる。

大口径化で圧倒的に先行しているのはインフィニオンだ。2013年にはすでに300ミリでの製品を量産しており、21年にはオーストリアに新工場を建設した。日本でも東芝やルネサスエレクトロニクスなど多くの会社が追随する動きを始めている。東芝は、加賀東芝エレクトロニクスの既存棟に300ミリの生産ラインを導入する。稼働開始は半年ほど前倒しされ22年下期となった。24年度には現在建築中の新たな製造棟でも製造をスタートする。この新製造棟が稼働すれば、生産能力は21年度比で2・5倍になる見通しだ。

ルネサスは、2014年に閉鎖した甲府工場に300ミリ対応の生産ラインを設置。24年の稼働を目指しており、パワー半導体の生産能力は2倍に増強される。

これまでのパワー半導体は多品種少量生産が基本だった。300ミリでの大量生産はある意味新たなチャレンジになる。歩留まり向上や生産の調整も含め、工場をうまく稼働させることができるかなど、課題も少なくない。

もう1つのテーマであるSiCはシリコンに代わる新しい半導体材料だ。シリコンより高い電圧に耐えることができ、電力損失も減らせる。より高い温度での動作も可能で、とくにEVへの活用が期待されている。すでに米テスラが量産車に採用しているほか、トヨタ自動車やホンダもEVのインバーターへの搭載を決めている。

この分野で注目を集めるのはロームだ。25年度の目標としてSiC分野での売上高1000億円、生産能力6倍（21年度比）を掲げて積極投資をしている。25年度のシェア目標は30%で世界首位の座を狙う。

仕掛けの早かったローム

ロームの伊野和英CSO（最高戦略責任者）は「SiC市場は戦国時代だ」と語る。「各社の提案はバラバラで、今後10年で標準化が進んでいく」という。つまり、競争に勝ち抜けば業界標準を作ることができる可能性もあるのだ。

ロームのSiCの強みは、材料からの一貫生産にある。2009年にSiCの基板を手がける独サイクリスタルを買収、品質や供給の安定性を確保した。さらにSiCで最もコストがかかるウェハーを含めたコストコントロールもできる。

ロームの動きを見た欧米勢も材料企業の買収に動いた。破談となったが、インフィニオンが米ウルフスピードの買収を試みたのは16年、スイスのSTマイクロエレクトロニクスがSiCウェハーメーカーのノーステル（スウェーデン）を買収したのは19年。ロームの仕掛けがいかに早かったかがわかるだろう。

現在、一貫生産ができるのはロームをはじめ、ウルフスピード、STマイクロの3社だ。また、中国ではウェハーから設計まで30社以上がSiC分野に参入している。これらの企業との厳しい競争に勝ち抜くことができるかが今後の焦点だろう。

材料の技術も競争力に直結

SiC（炭化ケイ素）分野における各社の事業領域

	ウルフスピード	ローム	STマイクロ	インフィニオン	三菱電機	富士電機	オン・セミコンダクター	昭和電工	中国勢
▶ デバイス	○	○	○	○	○	○	○		○
▶ エピ層	○	○	○	○	○	○		○	○
▶ 基板	○	○	○						○

（注）エピ層とはSiCの製造に不可欠な特定の要件を備えた単結晶膜（エピタキシャル層）のこと。社名は一部略称
（出所）Omdia

当然、ほかのパワー半導体メーカーも300ミリやSiCへの投資は進めている。ただし、英調査会社・オムディアの杉山和弘氏は、「日本企業の規模で300ミリやSiCなどすべてのテーマに投資するのは難しい」と語る。実際、両分野に投資できている企業は少ない。できていてもスピード感を欠くのが現状だ。となれば、すでにそれぞれのテーマで先行投資している企業のノウハウを生かしつつ規模を拡大する合従連衡は、合理的な選択肢であることは間違いない。

パワー半導体は「標準化は進んできたものの、まだまだ周辺の半導体や部品とのすり合わせが必要なことから（他社製品への）切り替えは起こりにくい」（三菱電機の花田氏）という。シェアを一度確保すれば、簡単には置き換わらないということだ。脱炭素の大きな潮流に対応し、適切な投資で需要を取り込めるかが、日本勢が首位を目指すうえでのカギとなる。そのためには思い切った策が必要なのかもしれない。

（藤原宏成）

新技術でも世界が求める日本の装置と材料の強さ

日本の存在なくして半導体は造れない――。これは決して大げさな表現ではない。「日本の半導体産業は凋落した」といわれて久しいが、それはあくまで半導体チップの話。チップを造るための製造装置や材料の分野は、今でも日本勢が世界に君臨する。

半導体の製造工程は数百に及ぶ。半導体を造るための大本の基盤となるシリコンウェハーの上に回路を作って、チップの形にするのが前工程だ。ウェハーに薬品を塗り、光を当て、洗浄するといった作業を何度も繰り返す。後工程では、ウェハー上にできあがった数百から数千個のチップを一つひとつ切り出して最終製品に仕上げていく。

そのような工程を簡略化して示したのが次の図だ。工程に関わる装置を造っている装置メーカーを右に、材料メーカーを左に並べた。その中には日本企業のシェアが100%近いものも少なくない。

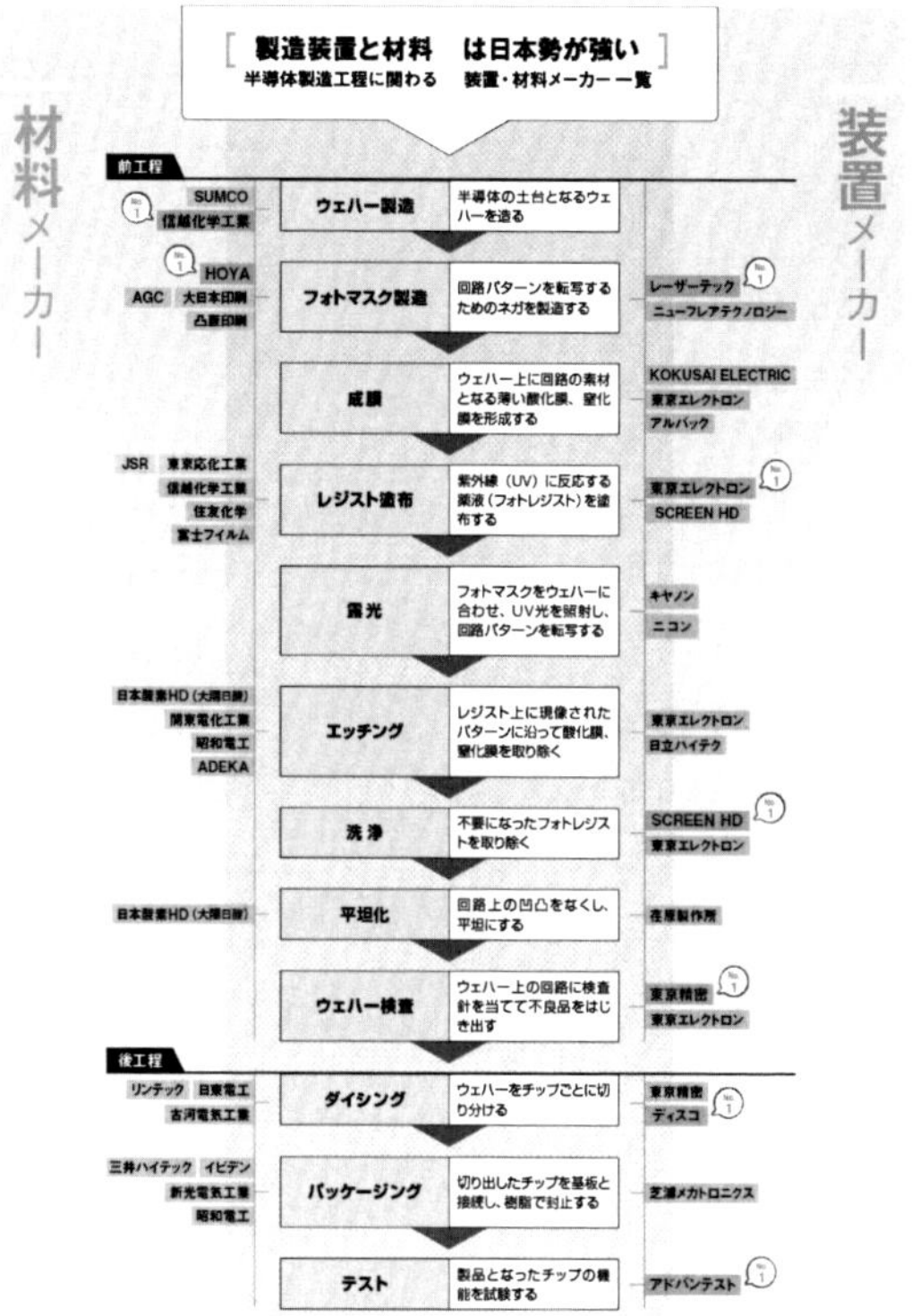

製造装置と材料は日本勢が強い
半導体製造工程に関わる装置・材料メーカー一覧
材料メーカー
装置メーカー
前工程
SUMCO
信越化学工業
ウェハー製造
半導体の土台となるウェハーを造る
HOYA
AGC
大日本印刷
凸版印刷
フォトマスク製造
回路パターンを転写するためのネガを製造する
レーザーテック
ニューフレアテクノロジー
成膜
ウェハー上に回路の素材となる薄い酸化膜、窒化膜を形成する
KOKUSAI ELECTRIC
東京エレクトロン
アルバック
JSR
東京応化工業
信越化学工業
住友化学
富士フイルム
レジスト塗布
紫外線（UV）に反応する薬液（フォトレジスト）を塗布する
東京エレクトロン
SCREEN HD
露光
フォトマスクをウェハーに合わせ、UV光を照射し、回路パターンを転写する
キヤノン
ニコン
日本酸素HD（大陽日酸）
関東電化工業
昭和電工
ADEKA
エッチング
レジスト上に現像されたパターンに沿って酸化膜、窒化膜を取り除く
東京エレクトロン
日立ハイテク
洗浄
不要になったフォトレジストを取り除く
SCREEN HD
東京エレクトロン
日本酸素HD（大陽日酸）
平坦化
回路上の凹凸をなくし、平坦にする
荏原製作所
ウェハー検査
ウェハー上の回路に検査針を当てて不良品をはじき出す
東京精密
東京エレクトロン
後工程
リンテック
日東電工
古河電気工業
ダイシング
ウェハーをチップごとに切り分ける
東京精密
ディスコ
三井ハイテック
イビデン
新光電気工業
昭和電工
パッケージング
切り出したチップを基板と接続し、樹脂で封止する
芝浦メカトロニクス
テスト
製品となったチップの機能を試験する
アドバンテスト
No.1

(注)は世界シェアトップ、
は世界シェアトップ級、社名は一部略称
(出所)取材を基に東洋経済作成

日本勢の独壇場の分野も

まずは前工程から見てみよう。半導体製造装置では成膜、塗布・現像、エッチング、洗浄、ウェハー検査の5工程を手がける東京エレクトロンの強さが際立つ。

とくに塗布・現像装置（コーター・デベロッパー）では世界シェアの約9割を押さえる。EUV（極端紫外線）露光という最先端の半導体製造で用いるものになるとシェアは100%だ。「最先端の半導体においては、東京エレクトロンの装置を通らない半導体はない」と河合利樹社長は豪語する。

シェア100%の装置は、レーザーテックも持っている。半導体の回路を描くための「フォトマスク」に欠陥がないか検査する装置を手がける企業だ。EUV露光が実用化される5年前から研究開発を重ねてきたことが生き、EUV光源を用いたマスク検査装置は現状レーザーテックしか供給できない。

装置と同様に、材料でも日本勢が存在感を放っている。シリコンウェハーでは、信越化学工業とSUMCOの材料メーカー2社で世界シェアの約6割を握る。先端の半導体に使えるような高品質なものになると、2社でほぼ寡占状態だ。

　ウェハーの製造には「99・999……」と9が11個並ぶ超高純度のシリコンを、限りなく平坦に加工できる技術が求められる。巨額の設備投資が必要で、技術的な参入障壁も極めて高い。

　ウェハー上に回路を描く際に塗るフォトレジストといわれる感光剤も日本勢の強みとするところだ。首位争いをするJSRと東京応化工業のほか、全5社で世界シェアの9割を占める。

　後工程ではまず半導体チップをウェハーから切り出す。その後、チップをパッケージ基板（サブストレート）に載せることで、パソコンやサーバーに搭載し、接続できるようにする。

　このパッケージ基板で最先端品のシェアを分け合うのが、イビデンと新光電気工業の2強だ。イビデンの売り上げの約4割は米インテル向け。インテルのCPUもイビデン製品がなければ動かない。

長い工程を経て製品となった半導体チップが正確に動作するか、最終検査するのがテスト工程だ。そこで使われる検査装置では、アドバンテストが世界シェアの6割弱を占める。半導体の微細化や高機能化が進むにつれ、検査に必要な時間や装置台数も増える。そのため、半導体の市場規模が大きくなる以上に、検査装置の市場が大きく伸びると期待されている。

なぜこれほどまでに日本勢が強いのだろうか。SUMCOの橋本眞幸会長は、「たとえ1工程でもダメだったら製品はできない。日本人のカルチャーに向いている」と力説する。顧客企業との細かなすり合わせは、日本のものづくりが得意としてきたところだ。

結果として一度築いた地位はそう簡単に揺るがない。フォトレジストなどの材料を取引実績のない他社製品に置き換えるとしても、「大量のシミュレーションを要するので置き換えコストが高くつく」。JSRの小柴満信名誉会長はそう明かす。

日本勢優位とはいえ、半導体の技術は日進月歩。各社は巨額の研究開発費を投じ、日夜しのぎを削っている。東京エレクトロンは、2022~26年度の5年間で1兆円以上の研究開発費をかける。4世代、10年以上先の装置まで開発を進め、その地位をさらに高めようと攻勢を強めている。

「微細化」は転換点

半導体の進化の歴史は、これまで微細化の歴史だった。半導体の性能は、電子回路をいかに細かく作るかに大きく左右される。微細にすればするほど、1つのチップにたくさんの回路を描き込むことができ、処理速度や電力効率が上がるからだ。10億分の1メートルに当たるナノメートルの単位で微細化を競ってきた。

ところが近年は、その微細化の限界が強く意識されている。台湾TSMCや韓国サムスン電子が火花を散らして開発する「3ナノ」や「2ナノ」といった回路線幅は、ウイルスよりはるかに小さい原子の世界に近づきつつある。物理的な限界にぶち当たるのだ。

経済的な問題もある。より微細な回路を描くために欠かせないEUVを使った最先端の露光装置は、蘭ＡＳＭＬ社が独占しており、その価格は1台２００億円程度といわれる。半導体メーカーの負担は重くなる一方だ。

そこで半導体メーカーは新たな方向へと舵を切っている。これまでは回路を細かくして多くの回路を描こうとしてきた。これは2次元、つまり平面上での発想だ。それを縦に立体方向へ積み上げることで、たくさんの回路を描こうというのだ。

ロジック（演算用）やメモリーなどのチップを積み上げていくことで、半導体のさらなる性能向上を追求する。この手法は「3次元実装」と呼ばれ、チップを縦に積み上げることで、横に並べたときよりも面積を小さくできる。チップ同士を結ぶ配線も短くて済むため、処理能力や電力効率が上がる効果もある。

現在、カメラなどに使われている「ＣＭＯＳイメージセンサー」では、センサーとロジックになるウェハーを貼り合わせる技術が実用化されている。これは3次元実装の一種といえる。こうした技術進化における次のトレンドに向けて日本勢も動き出している。

脚光を浴びる後工程

東京エレクトロンは、異なるウェハー同士を貼り合わせる「ウェハーボンディング装置」を供給する。3次元実装の際には、複数のウェハーを貼り合わせる工程がある。そのための装置を造っているのだ。

さらに、貼り合わせた後にはウェハーの端を削る工程が存在する。その工程向けにも、同社は新製品「レーザートリミング装置」をリリースした。すでにデバイスメーカーからの引き合いがあるという。

3次元実装はどちらかといえば後工程の領域。前工程に強い東京エレクトロンがこの領域に力を入れているのは、「前工程の技術と知見を生かせる」(ATSビジネスユニットの佐藤陽平ゼネラルマネジャー)からだという。

ウェハーの貼り合わせでは、細かなチリやほこりがあるだけで、うまく接合ができなくなる。これまでの後工程よりも緻密でクリーンな作業が求められることから、そうした作業が多い前工程での経験が生かせるわけだ。

従来、後工程を専門としてきたメーカーも、商機とみて開発に力を入れる。ディスコは主力製品の1つであるグラインダー（研削装置）で勝負を仕掛ける。これはウェハーを薄く削る際に使われる装置だ。

同社の川合章仁営業技術部長は、「ウェハーを貼り合わせる3次元実装では、一枚一枚のウェハーをこれまで以上に薄く削る必要がある。高い精度が求められるが、長年培ってきた技術が生きる」と自信をのぞかせる。

後工程に使われる材料を多く手がける化学メーカーの昭和電工マテリアルズは、2021年10月に共同研究組織を立ち上げた。「JOINT2」と呼ばれるこの組織には、ディスコや東京応化工業、味の素ファインテクノなど12社が名を連ねる。3次元実装の到来をにらんだ動きだ。

「3次元実装などパッケージが複雑になるほど、すり合わせが増える。工程全体で性能を担保するため、共同開発を推進する必要がある」。昭和電工マテリアルズのパッケージングソリューションセンターでセンター長を務める阿部秀則氏はそう語る。

共同開発の効果は早くも表れているようだ。阿部氏は「従来の倍以上のスピードで開発が進んでいる」と手応えを口にする。このスピード感は顧客にとっても大きなメリットになるはずだ。

ちなみに、阿部氏が記者に説明するのに使った資料は、すべて英語で記載されていた。海外の半導体メーカーの高い関心を集め、多くの視察を受けているからだという。

TSMCも日本勢を頼る

微細化で世界最先端を行くTSMC。しかし微細化の限界に近づく今、今後も世界をリードしていくためにと日本勢と組み、3次元実装の研究開発を進めている。その施設は、日本政府の誘致に応じる形で茨城県つくば市の産業技術総合研究所の一角に設けられた。

施設の名称は「TSMCジャパン3DIC研究開発センター」。2022年6月に開所した。センターには日本の後工程材料、装置メーカー22社がパートナー企業として名を連ねる。天下のTSMCといえども、後工程の開発では日本勢を頼る。

多くの日本企業が名を連ねる
TSMCジャパン3DIC研究開発センターのパートナー企業

ICチップとパッケージ基板をより高精度に接合するために協力

材料メーカー

- 旭化成
- イビデン
- JSR
- 昭和電工マテリアルズ
- 信越化学工業
- 新光電気工業
- 住友化学
- 積水化学工業
- 東京応化工業
- 長瀬産業
- 日東電工
- 日本電気硝子
- 富士フイルム
- 三井化学

写真：TSMC

ウェハーをより薄く研磨するために協力

TSMCとのパイプ役。産総研の施設を提供

- キーエンス
- 芝浦メカトロニクス
- 島津製作所
- 昭和電工
- ディスコ
- 東レエンジニアリング
- 日東電工
- 日立ハイテク

装置メーカー

- 産業技術総合研究所
- 東京大学
- 先端システム技術研究組合

大学・研究機関

(注)メーカーの役割は一例　(出所)経済産業省「半導体戦略(概略)」を基に東洋経済作成

センター長を務める江本裕氏は、「開発はスピードが命。エンジニア同士がひざを突き合わせて議論できる」と、同施設のメリットを強調する。また、その口ぶりから3次元実装への期待は相当なものだと受け取れた。「EUV装置を使って最先端の微細化は進めていくが、そんなばかでかい投資をしなくても、3次元実装を使えばすごい機能ができる」(江本氏)。

先端の半導体を製造する技術では海外勢にリードされる日本だが、世界の先端半導体メーカーも日本の技術なくしては製造できない。技術の進化が新たな土俵へ移ろうとする中、装置や材料に改めてスポットが当たり始めている。日本勢の存在感はますます高まることになりそうだ。

(藤原宏成、佐々木亮祐)

巨額支援も辞さず攻めに転じる政府

「ほら見て、あそこだけ都会みたいでしょ」。２０２２年１０月某日の深夜０時。熊本市外に向けて走るタクシーの車中で、運転手は記者にそう語りかけた。

視界に入ってきたのは、夜空にそびえる何台もの巨大クレーン。その先に付けられたライトが辺りを煌々（こうこう）と照らし出している。光り輝く「都会」の正体は、世界最大手の半導体受託製造企業・ＴＳＭＣが建設を進める新工場の工事現場だ。

タクシーを降りて現場に近づくと、トラックがゲートを頻繁に出入りしていた。真夜中にもかかわらず、５分に１回ほどのペースと慌ただしい。東京ドーム４・５個分に当たる広大な敷地には、ショベルカーの動く音が響き渡る。

日本政府が主導してＴＳＭＣを熊本に誘致するなど、新工場の建設は国が後押しする一大プロジェクトだ。23年9月の完成を目指し、約86億ドル（1兆円超）を投じる。そこに政府は4760億円の助成金を出す。

日本で初となるTSMC工場とあって、企業もこの機会を逃すまいと動いている。工場運営を担うTSMC子会社の「JASM（ジャスム）」には、ソニーグループやデンソーが出資している。

言い値で決まる土地価格

工事現場のある熊本県菊陽町から、車で30分ほどの熊本市中心部。そこに本店を構える地元地銀の肥後銀行を翌日訪れた。

「半導体専門のチームがつくられるのは約10年ぶりです」。そう話すのは、地域産業支援室の阿津坂公大推進役だ。支援室は22年1月に半導体専門チームを立ち上げた。23人いる支援室メンバーのうち、半導体専門チームに属するのは5人と最多だ。東京など県外のメンバーや他部署の人員も合わせると約10人を擁する。4月には支援室の室長が交代し、かつて半導体産業を長く担当した人物が就いた。

現在、チームに寄せられるのは「不動産の相談が多い」。ＴＳＭＣとの取引を狙う企業が、土地争奪戦を繰り広げているのが理由だ。工場建設中の菊陽町では、地価が大幅に上昇している。国土交通省が毎年まとめる「都道府県地価調査」で、直近1年間での地価上昇率が31・6％と全国トップに。しかも上昇の勢いは衰える気配がない。「地価の上昇にデータが追いつかない状態。路線価も関係なく、言い値で決まるような世界」と、阿津坂氏は明かす。

同じような相談は県庁にも来ている。熊本県の企業立地課半導体立地支援室の元田啓介室長によると、「県営の工業団地の区画は在庫がほぼゼロになったが、引き合いは強いまま」という。新たな団地を県北に2カ所造るため、急ピッチで整備を進めているが、「廃校を買って、その建物で部品を組み立てる半導体関連企業まで出てきた」そうだ。

進出企業が多く見込まれる一方、周辺でそれらの工事が進んでいる様子はない。「九州中の杭打ち機が新工場の現場に集まっているようで、工事が進められない」（半導体企業の幹部）からだという。

新工場で働く従業員のための住居も不足している。約1700人と見込まれる従業員のうち、320人は台湾からの駐在員。その2割がテストラインの立ち上げに向けて2023年8月ごろには来日する。残りの8割も23年中に来日する見通しだ。家族を帯同しての来日も予想される中、周辺には住居の数に余裕がない。

熊本市も対応を急いでいる。市営団地の跡地を民間に売却すると発表、家族向け集合住宅の整備を条件に売却先の選定を進める。ただ、住宅の完成時期は23年7月。ギリギリのスケジュールだ。

こうした一連の動きは熊本の経済に大きな恩恵をもたらす。肥後銀行を傘下に置く九州フィナンシャルグループの試算によれば、新工場の経済波及効果は今後10年間で4・3兆円。熊本の県内総生産（GDP）を年間3％ほど押し上げる。その規模は「県内の農林水産業や金融・保険業と同程度」（肥後銀行の阿津坂氏）と大きい。

米中対立に危機感

熊本が誘致に沸く一方、東京・永田町では自民党の甘利明議員が危機感を抱いていた。「半導体のサプライチェーンを同盟国間で完結させておかないと、どういう『どんでん返し』が起きるかわからない」。甘利氏は党内の「半導体戦略推進議員連盟」の会長を務める。その甘利氏が口にする「どんでん返し」を起こしかねないのが、米中対立による地政学リスクだ。

ＴＳＭＣが生産するロジック（演算用）半導体は、スマートフォンやパソコン、データセンター、自動車と多くの製品・機器において欠かせない重要部品。台湾に対する中国の政治的圧力が高まる中、ＴＳＭＣの台湾拠点に調達を依存する状態はリスクを伴う。

熊本の新工場建設が24時間3交代制で夜通し進められているのも、そのリスクを見込んでのことだ。新工場の完成は通常ならば着工から5年を要するといわれている。それを2年で済ませる。

日本としては米国政府の動きからも目が離せない。半導体分野における自国産業の強化と中国への圧力を米国が強めているからだ。22年8月に成立した「CHIPS・科学法」で、米国内での半導体製造の助成金として390億ドル（約5・6兆円）を充てることにした。一方で、この法律によって補助金を受けた企業の中国に対する投資制限や、先端半導体が製造可能な装置の輸出規制を厳しくした。

「米国社会は政府が市場に介入することにネガティブだが、半導体が安全保障の対象になって政府の介入が正当化されている」。丸紅米国の峰尾洋一・ワシントン事務所長はそう解説する。実際、「CHIPS・科学法」は、論争が起きそうな内容だったにもかかわらず、超党派で成立するに至った。

こうした世界情勢を受けて、日本政府の姿勢も変わりつつある。21年10月に決まったTSMC工場の熊本誘致は、日本が半導体産業の復活を目指して放った第一手となった。まずは国内での半導体生産能力を挽回するのが目的だ。

甘利氏率いる自民党・半導体議連も背中を押す。22年5月に、半導体の製造基盤強化のために「10年で官民合わせて10兆円規模の投資」を求めた。これに応えるかのように、岸田文雄首相は10月の国会での所信表明演説で、「官民の投資を集めていく」と述べた。

支援の仕方も変わってきた。広く薄く公平にというスタイルから、TSMC新工場のように特定の企業に巨額の支援を行うようになった。キオクシアの四日市工場（三重県四日市市）、マイクロンメモリジャパンの広島工場（広島県東広島市）の増強に計1394億円の助成金を出す。国内にある既存工場の改修も助成金で支援する。

生産能力の挽回を図りつつ狙うのが、日米連携の強化による次世代半導体技術の習得だ。さらには桁違いの計算性能を持つ量子コンピューターの提供など、新技術の実現を目指す。次世代半導体技術の一例が「ビヨンド2ナノ」の製品だ。医薬品開発にかかる計算時間を劇的に短縮できるなど、社会変革のカギとなりうる量子コンピューターの実用化の際に、必須のキーパーツともいわれる。

半導体では電子回路を細かく造るほど性能が上がる。TSMCや韓国サムスン電子は現在5ナノメートル、米インテルは7ナノメートル相当品を製造している。それに対して日本勢はルネサスエレクトロニクスで40ナノメートル品。TSMCの熊本新工場で造る予定の製品も12～28ナノメートルにとどまるが、国内にはなかった製造技術を補える。次に進むためのステップにしたい考えだ。

「双方に認め合い、補完し合う形で行う」。22年5月に日米で結んだ半導体協力基本原則にはこのような文言が盛り込まれた。米国はGAFAなど自国が強いIT産業向けに汎用的な先端半導体を造り、自動車産業などに強みを持つ日本はカスタム需要が高いIoT向け半導体を供給する。ライバル関係にはならず、日米で役割が分担可能だと政府はそろばんをはじく。

日本ではロジック半導体の先端品を造れない

技術・地域別の生産能力割合（2019年）

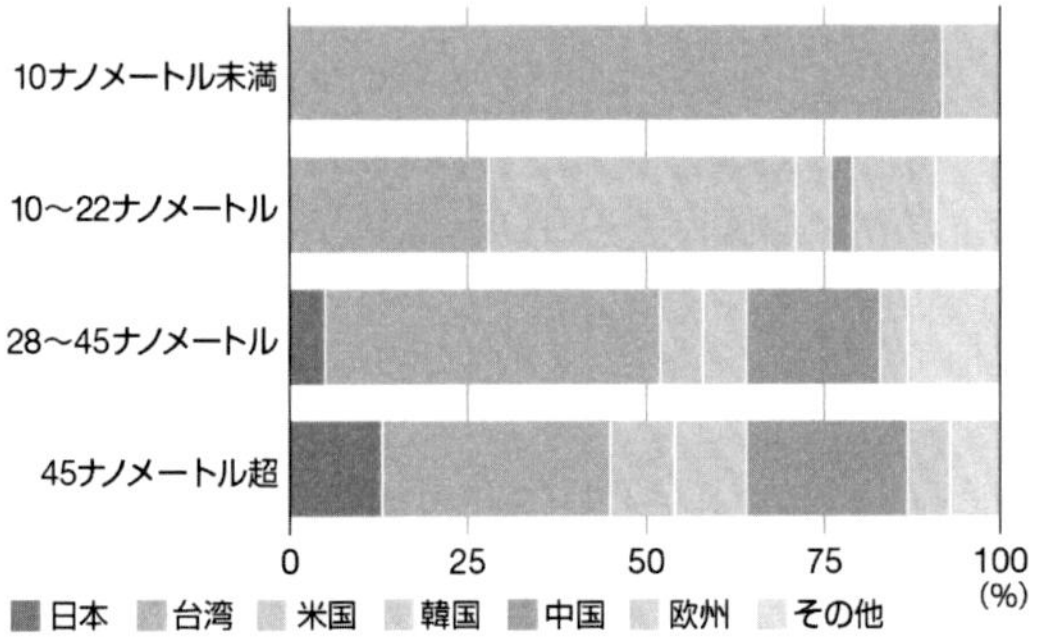

（出所）米国半導体工業会

偶然頼みではいけない

日本側が思い描く連携は可能なのか。丸紅の峰尾氏は、「ＣＨＩＰＳ・科学法で国内に工場を誘致することと、次世代半導体の開発を日米共同で進展させるのは同じ路線だと関係者から聞く。米国は対中国を意識した供給網を同盟国でつくりたがっている」と話す。

ただ、製造業に強いコンサルティング会社、アーサー・ディ・リトルの赤山真一パートナーは、日米の目指す方向に温度差を感じる。「ＩＴ産業で主導権を握る米国の政策は、イノベーションの最前線を歩み続けるためのもの。一方の日本は、自動車産業のサプライチェーンを維持するための『守りの手口』。ビヨンド2ナノの技術獲得も標榜するが、実現は神頼みにも見える」と指摘する。

国策始動の象徴となったＴＳＭＣの熊本誘致も、ある人物の行動に端を発する「偶然」の要素が大きかったのではないだろうか。

その人物、現在は理化学研究所の理事長を務める五神真（ごのかみ まこと）氏は、東京大学の総長を務めていた18年12月に台湾を訪れた。日本の文部科学省に当たる台湾教育部の招待による訪台だったが、TSMCに東大との連携を直接持ちかけるという目的もあった。五神氏は以前から民間企業の露光光源開発に関わり、TSMCとのつながりを持っていた。直接交渉のかいがあって、翌年には東大とTSMCで半導体技術を共同研究するアライアンスの締結に至った。

本人はにこやかに否定するが、五神氏が日本とTSMCの距離を縮める役割を担ったとみる向きは多い。東大との連携を始めた後にTSMCは、後工程の研究開発拠点を茨城県つくば市にある産業技術総合研究所内に設置、そして熊本での新工場建設を決めた。

ここまでの経過を五神氏は「8割偶然、2割必然」と振り返る。だがここからはさらに巨額の国費が投じられることになる。それだけに今後は偶然に頼らず、「必然」の割合を高めていく必要がある。

（藤原宏成、遠山綾乃）

東北が着々と進めるリベンジ振興策

シリコンロード――。かつて東北自動車道につけられた呼称だ。東北道に沿って半導体工場が集中立地していたことに由来する。

以前ほどではないとはいえ、半導体は現在においても東北の重要産業だ。全国の製造品出荷額に占める東北の割合は約6％だが、半導体関連産業に限れば、全国出荷額の約17％を占める。国が半導体産業の強化に乗り出した今、好機を逃すまいと東北の企業や教育機関は連携を強めている。

東北の企業や自治体、教育機関が集まり、2022年6月に発足した「東北半導体・エレクトロニクスデザイン研究会」。3次元NAND型フラッシュメモリーの開発者である東北大学の遠藤哲郎教授が中心となって、関係者に参加を呼びかけた。研究会には、東京エレクトロンやソニーグループ、キオクシアといった半導体関連大手の東北子会社、大学などの教育機関が名を連ね、9月末時点で64の団体が参加している。

東北というくくりで半導体業界を束ねるような会合は、これまで存在しなかった。だが、研究会のような交流促進の場が求められるようになったのには理由がある。

1つはサプライチェーンの変化だ。以前は大企業が自社グループ内で半導体を製造していたが、傘下企業や工場の整理・淘汰が進み、半導体業界全体で水平分業が進んだ。結果、自社グループ外の企業とも部品や製造工程を融通する必要が生じ、他社との協業の重要性が増した。

もう1つは各社共通の悩みである人材不足だ。これは単に人手が足りないという話ではない。研究会の主な活動目的は、地域に定着する半導体関連人材の育成にある。すでに、東北大学を中心に産学連携での研究や技術者の教育が始まっている。

遠藤教授は、「ハイテク分野でも生産機能としての工場だけだと利益が少ない。自分たちで次世代技術にキャッチアップしていかなければ」と語る。工場が多い東北は従来、開発設計などの収益性の高い部分を他地域に持っていかれていたといえる。地域で人材を用意できれば、産業の自立性を高めることができる。

苦い記憶の払拭がカギ

また研究会では、技術開発に加え、地域の子どもや若者に向けた半導体産業のPR方法なども検討する。こちらは随分悠長な取り組みにみえるが、企業は必死だ。

東北で半導体産業が活況を呈していたのは、もう20年以上も前のこと。その後、台湾・韓国の半導体メーカーの台頭の影響などで、東北の半導体工場は閉鎖や撤退、売却が相次いだ。

代表的なものでは、2012年の秋田エルピーダメモリの経営破綻。セーフティネット保証1号（連鎖倒産防止）の対象にも指定され、関連産業への影響が懸念された。秋田エルピーダメモリの工場はその後、米国のマイクロン、台湾のパワーテックテクノロジーによる買収を経て、2020年に閉鎖された。従業員252人が退職した。

国内半導体製造企業のジェイデバイスによる宮城工場と会津工場の閉鎖も規模が大きかった。この2工場は、半導体組立事業から撤退した富士通より2012年に買収。しかし4年後の16年に閉鎖を決定した。2工場で合計800人超の従業員を抱えていた。

半導体産業の盛衰に翻弄された東北の人々の記憶は、まだ生きている。これこそが地道なPR活動が必要とされる背景だ。確実な需要増と国策を追い風に、半導体産業を地域振興につなげられるか。苦い記憶の克服を含めて地道な努力は始まったばかりだ。

（吉野月華）

「10年戦略の工程表はもうでき上がっている」

自民党　半導体戦略推進議員連盟会長／衆議院議員・甘利　明

世界に10年遅れの現状から、10年後に世界をリードしていくためには、異次元の取り組みが必要——。2022年5月、そう指摘するとともに、10年間で官民合わせて10兆円規模の投資を求めたのが、自民党の半導体戦略推進議員連盟だ。国の支援がなぜ必要なのか。議連会長の甘利明衆議院議員を直撃した。

——日本は半導体分野で後れを取り戻すだけでなく、世界をリードすべきだとまで提言しています。それは可能でしょうか。

現在は先行者が毎年桁違いの投資をしてトップの座を守っている。普通なら、そのような競争に参戦するのはあまり利口ではない。ただ今は競争のフェーズが変わろうとしている。微細化の限界が近づいてきた一方で、積層化の技術が進むなどしている。競争のスタートラインは引き直される。半導体向けの材料や製造装置における日本の強みを生かしながら、新たなスタートラインで一挙に前に出る機会をうかがうべきだ。

世界的な半導体企業のTSMCが九州に来たのは、日本政府の助成金につられてだと言う人もいる。だが、それは現状をきちんと認識していないと思う。TSMCも、次のフェーズでトップが取れるかという不安はあるはず。そこで熊本の新工場ではイメージセンサーに強いソニーグループと組んだ。新たな進化を模索しているはず。

――そのような大きな目的を達成するには国の支援が必要だと。

「日本がいないと世界が動かない」という経済安全保障上の不可欠性を構築するためにも、国策として取り組まないといけない。議連の設立は、1年半くらい前、ある議員から持ちかけられたのがきっかけ。議連設立を華々しく打ち上げて一挙に半導体に注目を集めないと、(国を動かすのは)無理だと思った。

そこで（安倍晋三元首相、麻生太郎副総裁、私の3人を称する）「3A」を思いつき、安倍さんと麻生さんに「最高顧問で入ってくれ」とメールした。安倍さんからは速攻で、受けると返信が来た。今井尚哉元補佐官から「ぜひ入ってくれ」と連絡があったそうだ。麻生さんからも翌日返事をもらった。一言だけ「乗った」と。実は、麻生さんは半導体についてよくしゃべる人だ。

議連を立ち上げた後、いろんな国の大使から会いたいと連絡が来た。最初に来たのはオランダ大使。小泉進次郎環境相（当時）から、「仲介してくれと言われています」と電話があった。

気になる財務省の認識

――オランダといえば、最先端のEUV（極端紫外線）露光技術を独占するASMLがいます。

世界市場での競争は、ASMLの最新露光装置を持てるかどうかという競争でもある。TSMCもASMLの装置がなければギブアップ。そのオランダ大使が速攻で私に会いたいと。ASMLはかなり前向きな姿勢のようで、「日本と組みたい」と言っていた。

フランスやドイツからも接触があった。米IBMのナンバー2も「会いたい」と言ってやってきた。米マイクロン・テクノロジーもトップが「会ってくれ」と。浮かれてはいけないが、日本が半導体戦略を打ち上げたことはセンセーショナルに世界に届いている。

ただ熊本のTSMC新工場などで、製造工場に対する国の助成金は使い切った状態。そのため予算はこれからまた要求していく。問題は、財務省が「もうこれでいいよね」と言うこと。「終わりではなくて、まだ始まったばかり」という認識を財政当局に持ってもらわなければいけない。

台湾に有事が起きてTSMCが製品を出荷できなくなれば、世界の半導体供給の6割が止まる。熊本の新工場を24時間3交代制で建設しているのも、そうした事態を危惧しているため。米国などの同盟国間でサプライチェーンを完結しないと、どういうどんでん返しが起きるかわからないことと併せて、戦略的に進める必要がある。

――議連の提言を実現するために必要なことは？

政府とわれわれ（議連）の間では、10年間でいつ何をするかという半導体戦略の工程表がもうできている。10年後に日本がメジャーであるためには、5年後にこういうことができていないといけない、そのための予算配分、絵図を描いている。そこに金を落としていけるかが重要だ。

最先端の半導体で日本が相当なシェアを占めるという状態が目標。半導体政策へ向けた政府の合言葉の1つが、「ミッシングリンクをつなげる」。日本はアナログ、パワー、センサーといろいろな半導体を造っているが、穴の開いている部分がハイエンドロジック半導体。それを造れるようになれば全体がつながる。だからハイエンドロジックの設計、生産能力を持つ。

――10年間で10兆円の投資額だと不十分ではないでしょうか。

そうですよね。民が本気になることが大事。立ち上がりには民の投資能力を超えた投資が必要だから、そこは手伝う。ただ最終的には企業に税金を納めてもらわなくてはいけない。競争に勝っていく過程で官民は連携するが、官主導で競争力が上がることはない。

世界でシェアを取って、納税してくれる産業に育てていく。今のままだと、日本企業は部分的にすごい技術を持っているにもかかわらず、海外の大資本に全部席巻されてしまう。技術は十分ありながら、資本力でやられることを防がなければならない。いちばん付加価値の高いハイエンドロジックに食い込んでいかないと。

――現在の日本には最先端の技術がありません。政府は日米連携による次世代半導体技術の習得を掲げますが、可能でしょうか。

競争力を持っている最先端の部分は、どの企業も簡単には渡さない。ただし日米連携の重要な点は、「製造技術ではやっぱり日本だ」と米国の産業が思っていること。米国は最先端の設計ノウハウを渡し、日本で設計し日本で造る。設計から製造まで最先端の複数拠点を同盟国連携でつくっていかないとリスクがある。日米連携でできた製品でシェアを取っていこうという思惑ですよ。

孫正義さんがソフトバンクグループ傘下のビジョン・ファンドへの出資を促すために、サウジアラビアのムハンマド皇太子にプレゼンをしたと以前聞いた。「20世紀は石油を制した者が世界を制したが、21世紀はデータを制する者が世界を制します」が口説き文句だったという。そのデータの蓄積・加工の際、すべてに関わるのが半導体。今や半導体を制する者が世界を制する時代だ。

（聞き手・遠山綾乃、藤原宏成）

甘利　明（あまり・あきら）
1949年神奈川県生まれ。83年衆議院選挙で初当選（当選13回）。労働相（当時）や経済産業相、経済財政政策担当相、政務調査会長、幹事長を歴任。

円安も復活を後押し　ラストチャンスは今だ

「日本人はそんな所にいないでくれ」——。半導体製造に使うフォトレジスト大手のＪＳＲで社長まで務め、現在は名誉会長の小柴満信氏。米国で顧客の工場を訪れた際、守衛からそう言われた経験を持つ。

時は１９９０年代。日米半導体摩擦の熱がまだ残っており、反日感情は若き日の小柴氏にも向けられた。日本の半導体産業は、世界を席巻し１９８０年代に栄華を極めた。危機感を覚えた米政府は、日本の半導体市場の開放や日本の半導体メーカーによるダンピングを防ぐための日米半導体協定を１９８６年に締結。日本勢の弱体化を図った。

それから３５年を経た２０２１年６月。経済産業省が「半導体戦略」と題した資料で示した「将来予測」が話題を呼んだ。19年時点で約1割となった世界の半導体市場における日本企業のシェアが、将来的には「ほぼ0%に!?」と警鐘を鳴らしたのだ。86年には約4割のシェアを占めていただけに、その凋落ぶりはすさまじい。

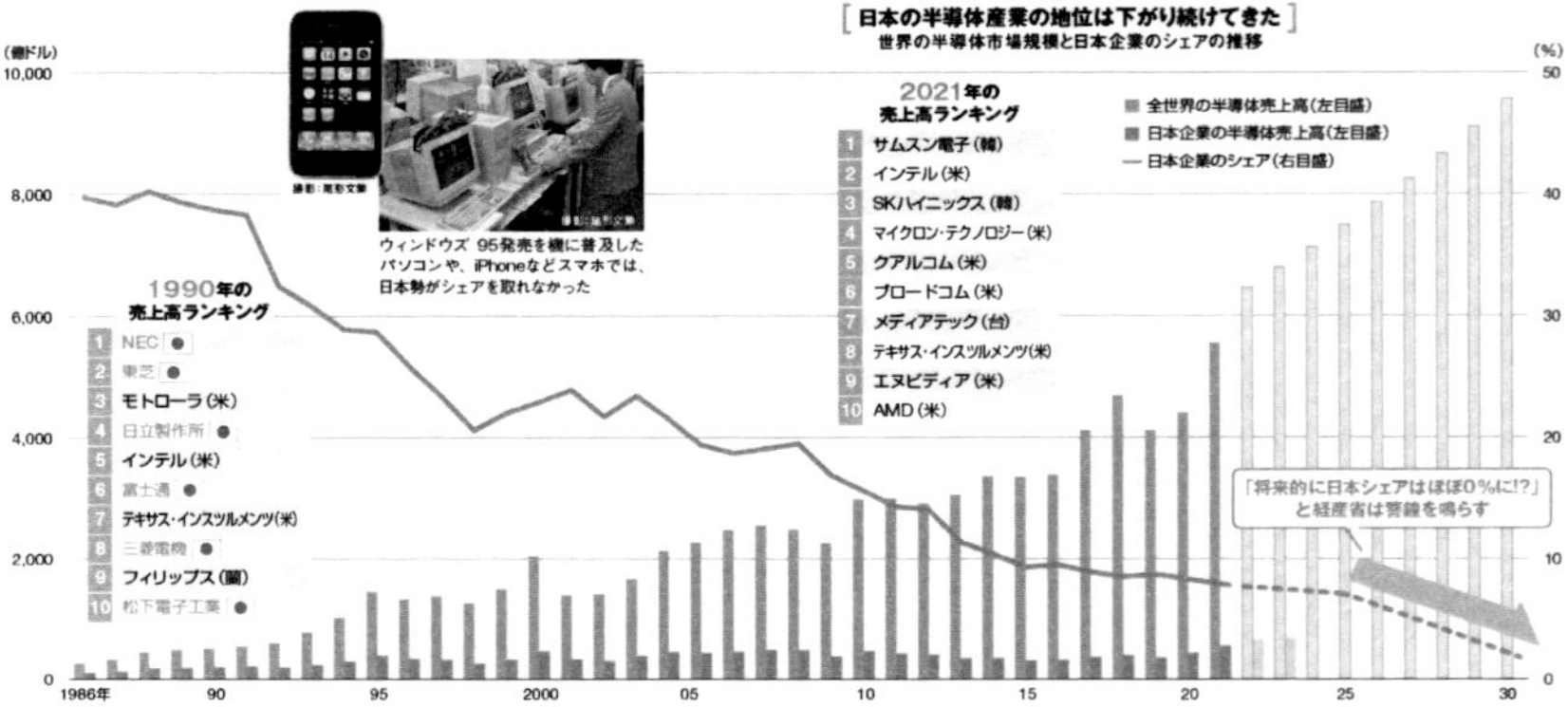

ウィンドウズ 95発売を機に普及したパソコンや、iPhoneなどスマホでは、日本勢がシェアを取れなかった

(注) 2022、23年はWSTSによる予測値。24年以降は概算の予測値。表の企業名は当時のもの
(出所) 世界半導体市場統計(WSTS)、ガートナー、Omdiaのデータを基に東洋経済作成

日本政府はこれまでも半導体支援策を講じてきたが、いずれも大きな成果を上げられなかった。「2000年代に危機的状況を国に訴えても、大きく動いてくれなかった。日米半導体摩擦の苦い記憶があったからだ」。1990年代に日立製作所で半導体事業部長や専務などを務めた牧本次生氏はそう残念がる。一方で現在は、米国と中国が対立を深めている。米国は日本と連携し、半導体政策を共に進める姿勢を鮮明にする。

最終製品が命運を左右

過去を振り返ると、日本勢の半導体シェアは電機メーカーの勢いと連動していた。日本の家電製品が世界を闊歩した1980年代には、それらに使われる半導体も強かった。しかし、半導体の最大需要先がパソコンやスマートフォンへと移行していくと、家電など最終製品のシェアとともに半導体でも日本勢のシェアが低迷していった。

半導体の需要先となる最終製品なくして、ニッポン半導体の復活はありえない。そして、スマホの「次」に有望視される需要先がロボティクス。その派生形の1つが自動運転車だ。ソニーグループは自動運転車への参入を表明している。既存の自動車メーカー以外では世界に先駆けてのことで、日本には明るい兆しだ。

ロボティクス、自動運転の分野で今後、日本勢が地位を確保できるかどうかにより、日本の半導体産業の行く末は大きく変わる。「半導体が使われる『川下』の産業も強化しないと」。牧本氏はそう提言する。

日本の半導体シェアの低落は、過度な円高とともに進んだ。半導体産業に詳しい英調査会社・オムディアの南川明シニアコンサルティングディレクターは、「長い間、円高が日本の製造業を苦しめた。これからは『恩典的円安』の時代だ」と指摘する。実際、「急激な変動は好ましくないが、基本的に円安はポジティブだ」と語る半導体関連企業の経営者は多い。

「日米摩擦」のトラウマから解放され、需要先の市場は「ゲームチェンジ」を迎えようとしている。円安というフォローの風まで吹く。日本の半導体産業、ものづくりは、逆転する千載一遇、最後の好機を迎えている。

日本の活路は「ロボット」にあり
半導体の需要先市場の変遷イメージ

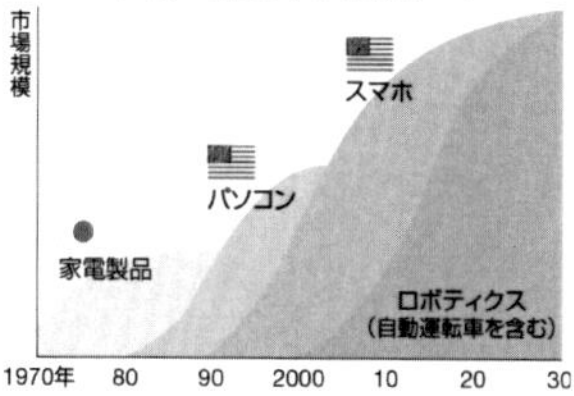

(出所)牧本次生氏の資料を基に東洋経済作成

円安の追い風は大きい
日本の主な半導体関連企業の為替感応度(営業利益)

製品	企業名	感応度	
材料	信越化学工業	58億円	※
チップ	ルネサスエレクトロニクス	35億円	
材料	SUMCO	13億円	
装置	アドバンテスト	13億円	
装置	ディスコ	12億円	
材料	昭和電工	10億円	※
チップ	ソニーセミコンダクタソリューションズグループ	7億円	
チップ	ローム	7億円	
装置	レーザーテック	6億円	
材料	JSR	5億円	※
材料	イビデン	5億円	
材料	東京応化工業	2億円	
チップ	トレックス・セミコンダクター	1億円	

(注)感応度は、対ドルで1円円安になったときの年間の増益効果。※は半導体以外の輸出事業も多く含む
(出所)各社の決算資料や取材を基に東洋経済作成

過去の政府支援策がせいぜい数百億円だったのに対し、今回は「官民合わせて10年で10兆円」の規模となりそうだ。半導体不足の影響を国民も実感したことで、兆円単位の支援の必要性については理解を得やすくなっただろう。ただ、重要なのはその中身だ。

自民党の半導体戦略推進議員連盟で事務局長を務める関芳弘議員は「半導体産業を振興するために議連を作ったのではない。半導体がないと経済活動で困る人たちのために立ち上げた」と語る。

この認識は正しい。肝心なことは、日本が半導体シェアで盛り返すこと自体ではない。その先で日本の産業全体が国際競争力を増したり、市井の人々の日常生活が守られたりすることだ。手段と目的を間違えることがあってはならない。

（佐々木亮祐）

【週刊東洋経済】

本書は、東洋経済新報社『週刊東洋経済』2022年11月12日号より抜粋、加筆修正のうえ制作しています。この記事が完全収録された底本をはじめ、雑誌バックナンバーは小社ホームページからもお求めいただけます。

小社では、『週刊東洋経済eビジネス新書』シリーズをはじめ、このほかにも多数の電子書籍ラインナップをそろえております。ぜひストアにて「東洋経済」で検索してみてください。

『週刊東洋経済eビジネス新書』シリーズ

No.415　生保　最新事情
No.416　M&Aマフィア
No.417　工場が消える
No.418　経済超入門　2022

No.419　東証　沈没
No.420　テクノロジーの未来地図
No.421　年金の新常識
No.422　先を知るための読書案内
No.423　欧州動乱史
No.424　物流ドライバーが消える日
No.425　エネルギー戦争
No.426　瀬戸際の地銀
No.427　不動産争奪戦
No.428　インフレ時代の資産運用&防衛術
No.429　人口減サバイバル
No.430　自衛隊は日本を守れるか
No.431　教員不足の深層
No.432　ニッポンのＳＤＧｓ&ＥＳＧ

No.433　独走トヨタ　迫る試練
No.434　変わる相続・贈与の節税
No.435　東芝の末路
No.436　食糧危機は終わらない
No.437　ゼネコン　両利きの経営
No.438　すごいベンチャー２０２２〔前編〕
No.439　すごいベンチャー２０２２〔後編〕
No.440　宗教　カネと政治
No.441　岐路に立つ鉄道
No.442　学び直し全ガイド
No.443　米中　大動乱
No.444　高揚するコンサル　したたかな弁護士

週刊東洋経済eビジネス新書　No.445
半導体　復活の足音

【本誌（底本）】
編集局　佐々木亮祐、藤原宏成、遠山綾乃、吉野月華
デザイン　杉山未記、小林由依、中村方香
進行管理　下村　恵
発行日　２０２２年１１月１２日

【電子版】
編集制作　塚田由紀夫、長谷川　隆
デザイン　市川和代
制作協力　丸井工文社
発行日　２０２４年2月8日　Ver.1

発行所　〒103-8345
東京都中央区日本橋本石町1-2-1
東洋経済新報社
電話　東洋経済カスタマーセンター
03（6386）1040
https://toyokeizai.net/
発行人　田北浩章
©Toyo Keizai, Inc., 2024

電子書籍化に際しては、仕様上の都合などにより適宜編集を加えています。登場人物に関する情報、価格、為替レートなどは、特に記載のない限り底本編集当時のものです。一部の漢字を簡易慣用字体やかなで表記している場合があります。本書は縦書きでレイアウトしています。ご覧になる機種により表示に差が生じることがあります。

本書に掲載している記事、写真、図表、データ等は、著作権法や不正競争防止法をはじめとする各種法律で保護されています。当社の許諾を得ることなく、本誌の全部または一部を、複製、翻案、公衆送信する等の利用はできません。

もしこれらに違反した場合、たとえそれが軽微な利用であったとしても、当社の利益を不当に害する行為として損害賠償その他の法的措置を講ずることがありますのでご注意ください。本誌の利用をご希望の場合は、事前に当社（TEL：03－6386－1040もしくは当社ホームページの「転載申請入力フォーム」）までお問い合わせください。

※本刊行物は、電子書籍版に基づいてプリントオンデマンド版として作成されたものです。